"一亩山万元钱"科技富民技术丛书

近野生栽培型和林下复合经营型技术

浙江省林业局 组编
张 骏 周子贵 主编

浙江科学技术出版社

图书在版编目（CIP）数据

近野生栽培型和林下复合经营型技术 / 浙江省林业局组编；张骏，周子贵主编 .—杭州：浙江科学技术出版社，2021.12

（"一亩山万元钱"科技富民技术丛书）

ISBN 978-7-5341-9919-6

Ⅰ.①近… Ⅱ.①浙…②张…③周… Ⅲ.①栽培技术 Ⅳ.① S31

中国版本图书馆 CIP 数据核字（2021）第 239820 号

丛 书 名 "一亩山万元钱"科技富民技术丛书
书　　名 近野生栽培型和林下复合经营型技术
组　　编 浙江省林业局
主　　编 张骏　周子贵

出版发行 浙江科学技术出版社
　　　　　杭州市体育场路 347 号　邮政编码：310006
　　　　　编辑部电话：0571-85152719
　　　　　销售部电话：0571-85062597
　　　　　网　　址：www.zkpress.com
　　　　　E-mail：zkpress@zkpress.com

排　　版 杭州舒卷数码科技有限公司
印　　刷 浙江海虹彩色印务有限公司
经　　销 全国各地新华书店

开　　本 880×1230　1/32　　　　印　张 3.5
字　　数 78 000
版　　次 2021 年 12 月第 1 版　　　2021 年 12 月第 1 次印刷
书　　号 ISBN 978-7-5341-9919-6　定　价 22.00 元

版权所有　翻印必究

（图书出现倒装、缺页等印装质量问题，本社销售部负责调换）

策划组稿　詹　喜　　责任编辑　詹　喜　　责任校对　张　宁
责任美编　金　晖　　责任印务　叶文炀

"'一亩山万元钱'科技富民技术丛书"
编辑委员会

主　　任　胡　侠
总 主 编　吴　鸿　陆献峰
副总主编　何志华　周子贵
总 编 委　（按姓氏笔画排列）
　　　　　王　翔　王炜郎　叶晓林　冯金考　冯博杰　吕爱华
　　　　　朱永伟　江　波　杜　群　李长涛　李鸿斌　吾中良
　　　　　吴家胜　邱瑶德　何小勇　何奇江　汪阳东　汪伟萍
　　　　　沈国存　沈爱华　张　骏　陈伟军　陈昌华　郑霞荣
　　　　　赵岳平　胡　剑　柳新红　钟哲科　俞日富　洪　流
　　　　　洪兆龙　高智慧　黄　璋　黄孔森　黄坚钦　章滨森
　　　　　蒋仲龙　程军茂　鄢振武　潘欲锋

组　　编　浙江省林业局

本书编写人员

主　　编　张　骏　周子贵
副 主 编　沈爱华　王宗星　胡秋涛　冯博杰　何　祯
参编人员　（按姓氏笔画排列）
　　　　　朱玉球　吴学谦　应国华　陈双林　邵清松　郑　颖
　　　　　胡利泉　徐　梁　斯金平　韩素芳　程诗明　程俊文
　　　　　谢锦忠　魏海龙

序

"绿水青山就是金山银山"。近年来,浙江林业深入贯彻"绿水青山就是金山银山"理念,紧紧围绕"五年绿化平原水乡、十年建成森林浙江"的战略部署,坚持把科技创新作为引领发展的第一动力,把强林富民作为创新发展的第一目标,大力推广"一亩山万元钱"林业科技富民模式,有力地促进了林业持续增效、林农增收致富,初步走出了一条"绿水青山就是金山银山"的新路子,为山区高水平全面建成小康社会作出了重要贡献。特别是自 2018 年实施五年行动计划以来,全省各地加快构建"一亩山万元钱"模式的推广体系,使其成为浙江乡村振兴的新亮点、农民增收致富的新途径和现代林业经济的新样板。

"一亩山万元钱"科技富民模式主要针对林业后劲不足以及林业资源生产周期长、经济效益低、林农收入增长缓慢等问题,充分尊重群众首创精神,聚焦"高效生态、亩产过万"目标,深入实施林业创新驱动发展战略。重点围绕创新林业耕作制度,充分挖掘土壤、气候和生物潜能,根据各种资源、植物生长的时间节律,对土地、物种、时空进行科学配置,探索出易学、易懂、易操作的竹林覆盖、高效生态栽培、近野生栽培、林下复合经营等"一亩山万元钱"科技富民路径。这些林业科技富民"金点子",符合习近平生态文明思想和"绿水青山就是金山银山"理念的核心价值,坚持生态优先、生态转化,对实现优质高产、安全生态林产品和农民增收具有深远的意义。"一亩山万元钱"科技富民模式是浙江省践行"绿水青山就是金山银山"理论的林业版,是发展林下经济的浙江版,成为全国林业科技推广的标杆,并在全国林业科技创新大会上作为唯一省级代表做了典型发言。

为了推动浙江省林业主导产业持续高效发展,提高公众对林业新品种、新技术、新机械的认知度,让现代林业发展更好地惠及千家万户,助推乡村振兴战略,浙江省林业局组织相关专家,编写了"'一亩山万元钱'科技富民技术丛书",较为详细地介绍了该模式的发展现状、趋势潜力、技术要点和典型案例,全景式展现了浙江省"一亩山万元钱"林业科技富民模式的显著成效。希望各地各部门用好这套丛书,更好地发挥科技在现代林业中的"乘数效应",持续提高林业生产的综合效益,让绿色成为浙江"重要窗口"建设中最动人的色彩。

浙江省政协副主席 陈小平

2020年6月

前言

浙江是"七山一水二分田"的多山省份，林业在全省经济社会发展中的作用和地位十分突出。2021年是全面开启建设社会主义现代化国家征程的第一年，是"十四五"的开局之年，作为"绿水青山就是金山银山"理念发源地，浙江林业以"全国深化林业综合改革试验示范区"和"全国现代林业经济发展试验区"为抓手，全力推进现代化，全面推行林长制，呈现出生态不断改善、产业持续增效、林农稳步增收的良好态势。

践行"绿水青山就是金山银山"理念，支撑山区26县跨越式发展，林业都发挥了基础性作用。为更好地研究探索与深化"绿水青山就是金山银山"转化机制，充分发挥科技在"绿水青山就是金山银山"通道转化中的支撑引领作用，自2015年起，全省上下大力推广"一亩山万元钱"科技富民模式，做大做强生态高效林业，加快林业增效、林农增收、乡村振兴步伐，林业富民成效显著，"绿水青山就是金山银山"理念深入人心。截至2020年年底，浙江省累计推广"一亩山万元钱"林业科技富民模式示范基地374万亩，实现总产值306亿元，共有近7700家企业、合作社，近16万户农参与深化行动，建成富民典型284个。近野生栽培铁皮石斛、灵芝，林下套种黄精、羊肚菌和高效生态栽培的香榧、甜柿等，都很好地实现了亩产1万元以上甚至2万元的目标。

在全省高质量发展建设共同富裕示范区、加快实施乡村振兴战略、推进山区26县跨越式高质量发展之际,"'一亩山万元钱'科技富民技术丛书"之一分册《近野生栽培型和林下复合经营型技术》在各位专家、科技工作者和林业从业者的关心支持和辛勤劳动下得以正式出版发行。编者结合数字化改革成果,使本书在配有彩色图片对文字加以补充说明的基础上,增加了相关技术的二维码,读者可用微信扫码观看相关讲解视频,使关键技术更加通俗易懂。本书在编写过程中,得到了省内科研院校的大力支持,部分照片由各地市林业局工作人员和林业乡土专家提供,在此表示衷心感谢!

由于"一亩山万元钱"科技富民模式涉及面广,技术性强,加之时间仓促,书中存在不足之处在所难免,恳请广大读者批评指正,以便进一步修订和完善,进而更好地发挥林业在浙江省乡村振兴和共同富裕中的作用。

"'一亩山万元钱'科技富民技术丛书"编委会
2021年10月

目录

第一章 "一亩山万元钱"科技富民模式概述 1
一、"一亩山万元钱"林业科技富民模式类型 1
二、"一亩山万元钱"林业科技富民模式特点 3
三、"一亩山万元钱"林业科技富民模式举措 4
四、"一亩山万元钱"林业科技富民模式成效 6

第二章 近野生栽培型科技富民模式 8
一、铁皮石斛近野生栽培技术 8
二、灵芝近野生栽培技术 16
三、金线莲近野生栽培技术 26
四、华重楼近野生栽培技术 36
五、桑黄近野生栽培技术 47

第三章　林下复合经营型科技富民模式 …………… 52
　一、多花黄精林下栽培技术 ………………………… 52
　二、三叶青林下栽培技术 …………………………… 63
　三、白及林下栽培技术 ……………………………… 72
　四、羊肚菌林下栽培技术 …………………………… 82
　五、大球盖菇林下栽培技术 ………………………… 86
　六、竹荪林下栽培技术 ……………………………… 93

后记 ……………………………………………………… 100

第一章 "一亩山万元钱"科技富民模式概述

2013年以来,针对林农收入增长缓慢、后劲不足以及林业资源生产周期长、经济效益低等问题,浙江林业以科技创新作为引领发展的第一动力,锁定林农增收致富为第一目标,创新林业耕作制度,充分挖掘土壤、气候和生物潜能,根据各种资源、植物生长的时间节律,对土地、物种、时空进行了科学配置,探索出易学、易懂、易操作的"一亩山万元钱"科技富民模式,让科技在现代林业中发挥"乘数效应",大幅度提高了林业生产的综合经济效益,在实现精准扶贫和持续推进农户增收致富中开辟了林业富民的新路径。"一亩山万元钱"科技富民模式是践行"绿水青山就是金山银山"理念的林业版,也是发展林下经济的浙江版,是在生态优先的前提下,高效安全地推进林业产业发展的理念。

一、"一亩山万元钱"林业科技富民模式类型

"一亩山万元钱"是林业科技人员践行"绿水青山就是金山

银山"理念的一大创举,是转变林业发展方式的有效途径。依据生态学、生态经济学的原理,运用物种、土地、时空的科学配置,构建了林地复合经营和废弃物资利用等"林业+科技"富民模式及其集成配套技术,符合科学发展观的要求和资源节约、环境友好的原则,对实现优质高产、安全生态林产品、农民增收和林业增效具有深远的意义。目前,"一亩山万元钱"科技富民模式主要有以下四种类型:

竹林覆盖型:利用有机物对竹林地进行覆盖以达到保温、保湿的效果,创造适宜竹笋生长的温、湿度条件,使笋芽提前进入生长发育期,从而提早出笋。通过覆盖,达到出笋早、笋期长、产量高、笋味美、见效快且没有大小年、效益可观等目的。如雷(早)竹林早出覆盖模式,平均亩产值达1.5万元;毛竹笋用林早出覆盖模式,平均亩产值达1.2万元。

高效生态栽培型:按照适地适树原则,在遵循林业经营自然规律与经济发展规律的客观要求基础上,选择经济效益和生态效益俱佳的优良乡土树种,在不破坏原生生态环境下,通过选用高效生态耕作模式、优化种植结构、改善基础设施条件、提高集约化经营水平,从而实现生态高效、持续增收的目标。如香榧高效生态栽培模式,平均亩产值达1.2万元;薄壳山核桃高效生态栽培模式,平均亩产值达2万元;柿子(甜柿、方山柿等)高效生态栽培模式,平均亩产值达1.6万元。

近野生栽培型:模仿生物自然规律和法则,通过生产和环境要素的合理配置,为植物生长创造一个稳定平衡、协调有序、资源高效利用、能够循环再生的开放系统。如铁皮石斛近野生栽培模式,不与粮食争良田,不与林木争林地,单株树产值可达1万元以上,投入产出比为1:5甚至更低,实现了生态效益与经济效益双丰收。

林下复合经营型:充分利用林下土地资源和林荫优势,在以乔木为主的林地下种植经济林(水果)、农作物、种苗、微生物(菌类)和养殖禽类、畜类等,从而使林上林下实现一个以短养长、资源共享、优势互补、循环相生、协调发展的生态立体林业模式。如林下竹荪林菌复合经营模式,平均亩产值达1.3万元;林下三叶青林药复合经营模式,平均亩产值达1.2万元。

二、"一亩山万元钱"林业科技富民模式特点

一是量身定制,借势发挥。浙江省竹产业和木本油料产业在全国占据着重要地位,全省竹林面积1200多万亩,香榧占全国面积和产量的95%以上,油茶种植面积260万亩。"一亩山万元钱"科技富民模式很好地利用了这些资源,为主导产业提供了适度规模经营的新型模版,在最大的基数上做乘法,让创新驱动发挥的效益实现了最大化。

二是因地制宜,模式多样。浙江省地理环境复杂多变,平原、山地、内陆、沿海的环境因素差异巨大。浙江林业科研人员根据实际,科学分析土壤、温度、湿度、气候等环境因素,依照因地制宜的原则,研创出适合各类不同环境的模式,满足了不同的生产需要。同时,多种多样的模式也为从业者提供了更多的选择余地,一定程度上避免了因单一产品过剩导致相互压价、增产不增收的现象发生,有效规避了一定的市场风险。

三是生态优先,绿色发展。各种模式都是把生态保护放在优

先位置,以"生态经济双丰收"为发展目标,根据植物的生态学特性和立地条件,合理利用森林资源和林地空间,积极推广立体种植、生态循环等"一亩山万元钱"的高效立体复合经营模式,不仅可以有效提高林地利用率和产出率,保证亩产经济效益,而且也可确保食用林产品质量安全,实现林业产业的可持续发展。

三、"一亩山万元钱"林业科技富民模式举措

一是围绕"三服务",总结研创"一亩山万元钱"科技富民模式。服务主导产业,按照浙江省竹木、木本油料、森林食品等林业主导产业发展要求,坚持以市场需求为导向,开发铁皮石斛近野生栽培、竹林覆盖、名特优经济林高效栽培、林下复合经营等科技推广项目,推动主导产业经营从粗放型向集约型转变。服务生产实践,坚持从实际出发,把科技创新与生产实践紧密结合起来,制订"套餐化"和"菜单式"的技术方案,做到易学、易懂、易操作,为全省大面积推广奠定了良好基础。服务精准扶贫,组织实施"一亩山万元钱"模式推广三年和五年行动,纳入省、市政府年度森林浙江目标责任制考核,通过政策引导和行政推动,使"一亩山万元钱"惠及千家万户,成为山区林农致富的"金扁担",让更多的林农走上致富之路。

二是织好"三张网",着力构建"一亩山万元钱"模式的推广体系。织好推广队伍网,建立省、县、乡、村四级联动的林技推广网络,开发运用"互联网+"林技通服务平台,通过聘用首席林技推广专家、派遣林业科技特派员、组建农民讲师团等形式,架起"专家"与"农民"之间的桥梁。织好技术服务网,通

过举办全省"林业科技周"、林业科技下乡活动和模式专题技术培训班,累计培训林农30多万人次。运用全省1179个基层公共服务中心、派遣2283名责任林技员和认定3批共234名林业乡土专家,实行联村、联户、联地块,手把手、一对一地指导帮扶,实现林业公共服务体系全覆盖。织好科技示范网,以现代林业示范园区、专业示范村、示范户为载体,建设"一亩山万元钱"模式示范基地600多个,不定期组织召开现场会,树立了一大批高效集约的示范典型,形成了不同模式的科技示范网。

三是推进"三创新",持续放大"一亩山万元钱"模式的富民效应。创新林产品质量追溯机制,对全省已经认定"一亩山万元钱"模式的森林食品基地,强化标准体系建设,制定并推广地方标准15项、企业标准30多项。同时,开展森林食品基地认定、品牌打造,建立质量追溯、企业诚信、质量监管"三位一体"的林产品安全监管模式。创新林业"三产"融合机制,对"一亩山万元钱"示范基地,按照"壮大一产、发展二产、培育三产"的思路,培育生产、加工、销售于一体的产业新业态,形成主业特色鲜明、产业链条完整、市场竞争能力较强的现代林业经济发展模式。创新林业经营体制机制,在总结、推广"一亩山万元钱"模式的过程中,大力推行林木股份制、林地股份制和家庭林场三种新型经营体系,引导工商资本与农户建立利益联结机制,真正实现"林地变股权、林农当股东、收益有分红"。

四、"一亩山万元钱"林业科技富民模式成效

做大、做强"一亩山万元钱"科技富民模式,是林业系统践行"绿水青山就是金山银山"理念的战略行动,是走生态高效发展之路的浙江样板,同时也是立足浙江省情、林情的创新举措,是来源于生产实践的富民典范,也是广大林业科技人员的智慧结晶。2015年,浙江省林业厅制定并印发了《浙江省"一亩山万元钱"林技推广三年行动计划(2015—2017年)》(浙林科〔2015〕78号),并通过召开现场会、举办林业产业化技术培训班等方式在全省推广科技富民模式。"十二五"期间,全省累计推广"一亩山万元钱"科技富民模式22.5万亩,实现总产值26.6亿元,增收11.2亿元,高效生态栽种的香榧、甜柿,近野生栽培铁皮石斛,竹林套种竹荪等,都很好地实现了亩产1万元以上甚至2万元、5万元的目标。如浙江森太农林果开发有限公司高效生态栽种香榧面积2000亩,每亩栽种42株,最早种植的基地平均株产量7.7千克,亩产量323.4千克,亩产值超万元;缙云县山川绿野笋业专业合作社竹林套种竹荪种植面积40亩,产干竹荪1400千克,每千克销售价600元,亩产值达2.1万元;杭州创高农业开发有限公司在香樟活树上种植铁皮石斛50亩(1500株),平均每株产铁皮石斛1千克,共生产产品1500千克,每千克批发价2000元,每亩收入5万元。"一亩山万元钱"成为现实,为促进农民收入持续普遍较快增长开辟了新路径。

林业科技富民模式的推广得到了浙江省领导的重视、支持和社会媒体的广泛关注。2015年,时任浙江省副省长黄旭明专门做出重要批示,充分肯定了林业科技创新"一亩山万元钱"模式工

作的做法，要求因地制宜，科学合理规划，在全产业链上做深、做足文章，积极有效地组织推广。2017年召开了全省深化"一亩山万元钱"行动推进会，2018年下发五年行动计划以来，全省各地加大"一亩山万元钱"模式的创新推广力度，加快构建"一亩山万元钱"模式的推广体系，让"一亩山万元钱"科技富民模式成为浙江乡村振兴的新亮点、农民增收致富的新途径和现代林业经济的新样板。人民网、凤凰财经、中国绿色时报等国内20多家媒体对此进行了报道，"一亩山万元钱"科技富民模式还被列入浙江省助农增收行动和乡村振兴行动计划，产生了良好的社会反响，成为浙江省推进"高效益发展富民产业"、助力"建设共同富裕示范区"的金名片。"一亩山万元钱"科技富民模式已经成为全国林业科技推广的一根标杆，荣获第十八届"浙江省科技兴林奖"优秀科普活动奖和第七届"梁希科普奖"科普活动类奖。

第二章 近野生栽培型科技富民模式

一、铁皮石斛近野生栽培技术

（一）基本情况

铁皮石斛（*Dendrobium officinale* Kimura et Migo）是我国传统名贵中药材，具有益胃生津、滋阴清热等独特的功效。始载于东汉时期我国第一部药学专著《神农本草经》，列为上品："味甘，平。主伤中，除痹，下气，补五脏虚劳，羸弱，强阴。久服，厚肠胃、轻身、延年。"其后的本草著作大多沿用该书记载。20世纪90年代以前，铁皮石斛主要依靠野生资源。由于毁灭性采挖、生存环境的破坏以及自身繁殖能力低下，野生资源基本枯竭而列为国家二级保护中药材。

浙江是优质铁皮石斛的传统产区、产业开发的技术发源地、产业发展的集聚区，产业规模位居全国第一，技术领先、核心竞争力明显。从历史上看，浙江产野生铁皮石斛质量最佳，是优质铁皮石斛分布的中心，如《本草从新》记载：味甘者良，温州最上、广西略次、广东最下；《本草图经》卷第四记载，石斛"……

今温、台州亦有之";《本草乘雅半偈》记载,石斛"出……台州、温州诸处,近以台州、温州为贵"。20世纪末浙江在国内外率先突破了种子生产、组织培养和设施栽培等人工栽培关键技术。进入21世纪以来,浙江在全国率先成立了铁皮石斛产业技术创新战略联盟,突破品种选育、低碳繁育、设施栽培、活树附生、精准采收、控花提质、真伪鉴别、产品开发、品牌建设等产业化关键技术,主持制订了《铁皮石斛栽培技术规程》国家行业标准,引领铁皮石斛产业实现了跨越式发展,培育出国内首个"铁皮石斛之乡"。浙江以铁皮石斛为原料的药品与保健品有50多个(约占全国的70%),形成了从铁皮石斛种植、加工、销售完整的产业链,成为产销量最大的保健产品之一。

铁皮石斛近野生种植就是在自然环境下铁皮石斛附生于岩壁或树干、树枝上,不施肥料、不用农药的栽培方式。该项技术以林地资源为依托,充分利用林下自然条件,进行合理种植,不与粮食争良田,不与林木争林地,环境友好,生产原生态产品,以中央财政林业科技推广示范资金项目立项为标志,列入政府推广议程,先后在浙江、贵州建立示范推广基地10万余亩,投产后获得亩产超5万元/年的良好效益,得到国家林业与草原局、国家中医药管理局、浙江和贵州省有关领导的高度关注。

(二)产业发展的市场基础

铁皮石斛产业成为我国中药产业中的一个热点,浙江是全国铁皮石斛主产省,且品质优于其他产区。至2020年,浙江共有铁皮石斛基地100余个,面积3万余亩。以铁皮石斛为主要原料的保健食品及药品生产企业 20 余家，形成了金华、天台、乐清、杭州等产业集聚区。2020 年浙江省铁皮石斛产业产值占全国的 60% 以上。除传统铁皮枫斗和鲜品外，近年来还开发了铁皮石斛颗粒剂、胶囊、片剂、浸膏、丸剂、口服液、饮料等附加值较高的精深加工产品；共有国家批准的铁皮石斛保健食品 48 个，占全国总数的七成；森山、立钻、寿仙谷、济公缘等主导品牌产品销售约占总产值的 50%。

从药用价值、市场价格、适宜人群、安全性等方面对比，铁皮石斛是一种性价比最高、适宜人群最广的中药材，具有性价比高、消费潜力大、发展环境良好等特点。

（三）高效栽培技术

1. 近野生栽培种苗繁育

选用 GLP832 连栋薄膜大棚，GP832、GP625 等标准大棚，配备遮阳网、保温、喷雾或灌溉设备的玻璃温室或塑料大棚等设施。遮阳度控制在 60% 左右。设施内最高温度应低于 45℃，最低温度应视品种抗低温能力确定，适宜温度为 15～28℃。

铁皮石斛近野生栽培技术

选择松树皮、木屑、木炭、木块、碎石作为基质，以松树皮粉碎成 2～3 厘米以下颗粒为宜。基质在使用前应经堆制、浸泡或蒸煮等处理。将基质铺在畦面上或架子上，地栽厚度以 10～15 厘米为宜，搭架栽培厚度以 8～10 厘米为宜，基质中可接种共生菌。

在气温 10～25℃时种植，长江流域以 3—6 月为宜，夏季移植应在能降温的设施环境，冬季移植应在能增温的设施环境。待种子苗或组培苗根部发白进行栽植。宜3~5株一丛以丛栽方式栽种，按10厘米×20厘米或15厘米×15厘米间距栽种。用苗量在8万~10万株/亩。栽种后当天不宜浇水，第一次浇水时间应视栽培基质湿度和种苗状态而定。如遇伏天干旱，可在早晚喷水，切勿在阳光曝晒下喷水。地栽多雨地区和雨季，要加深畦沟和排水沟，及时排水。春、夏、秋三季都要确保良好通风，冬季气温在0℃以上要适时进行通风。宜用蚕沙、羊粪等优质有机肥，控制化肥使用。追肥进行二次，萌芽前施肥一次，生长期再施肥一次。每亩用肥量为200~400千克。采用人工除草，禁止使用化学除草剂。越冬管理要保温、防冻，适度通风，降低湿度。每隔半个月左右喷1次水，应在气温0℃以上进行。

2. 栽培环境

要求通风、温暖、湿润、透气的环境，其中光照与温度为最主要的环境因素。自然遮阴度一般在50%左右，光照一般为漫射光、散射光，光照过强过弱均影响产量与产品的品质。

3. 附生树种

附生树种针叶与阔叶、常绿与落叶、光皮与糙皮均可，香樟、杨梅、枫杨、黄檀木、枫香、梨板栗、松树、红豆杉、杉木、柏木上都能很好地生长，但不要选择树皮容易脱落的桦木等树种。

4. 栽培时间

在浙江地区，宜在3—4月栽培，迟至5月下旬，广西、广东、云南等地可提早至最低气温达10℃时进行种植。栽培前，应清除林下的杂草和灌木；间伐劣势木；清除枯枝、细枝、过密枝、藤蔓和树干的苔藓、地衣植物等，将林分的透光度调整至50%左右。

5. 栽培方法

选用设施栽培 1.5 年生或 2 年生苗，栽培时，在树干上间隔 35 厘米种植一圈（层距），每圈用无纺布或稻草自上而下呈螺旋状缠绕，在树干上按 3～5 株 1 丛，丛距 8 厘米左右捆绑栽培。捆绑时，只可绑其靠近茎基的根系，露出茎基，以利于发芽，但也不能离茎基太下，否则会影响植株固定与直立，直至影响生长。

6. 注意事项

该模式要特别注意抗寒品种的应用。铁皮石斛在温度 25℃左右生长最好，温度过低则轻者冻伤、重者冻死，35℃以上一般停止生长。不同种质耐低温能力差异很大，广西、广东、云南种质通常在 0℃以下就要遭受冻害，浙江种质一般可耐 -6～-5℃的环境，浙江农林大学已选育出可耐 -10～-8℃抗低温种质。同时要注意防止软体动物、鼠害及其他动物危害。

（四）典型案例

浙江是优质铁皮石斛的传统产区、产业开发的技术发源地、产业发展的集聚区，产业规模全国第一，技术领先、核心竞争力明显。铁皮石斛原生态栽培就是以自然生长的树木为载体，利用树木枝叶遮阴，将铁皮石斛附生于树干、树枝、树杈上，仿照铁皮石斛自然生长环境的一种方法。先后在贵州锦屏、安龙，浙江乐清、萧山、余杭、开化、临安等 10 多个县市建立示范推广基地 10 万余亩，投产后获得亩产超 5 万元 / 年的良好效益。该项技术以林地资源为依托，充分利用林下自然条件，进行合理种植，不与粮食争良田，不与林木争林地，环境友好，生产原生态产品，建议加快推广。

典型案例 1

经营主体 浙江高鼻子生物科技有限公司

地点及规模 乐清市龙西乡东加岙村，林下铁皮石斛种植面积 300 亩

经营概况 公司铁皮石斛种源来源于雁荡山境内本地的野生铁皮石斛，结合浙江大学先进的组培技术，保证了高鼻子铁皮石斛的适应性和道地性，自建大型的现代化铁皮石斛组培中心，为发展铁皮石斛产业打下坚实基础。石斛谷生态环境丰富、空气环境沁人心脾、森林食品健康安全、生态文化内涵丰富，配备相应的养生休闲及医疗康养服务设施。以"绿色、生态、环保"为目标，以中医药旅游文化和药膳服务为主题，配以与环境有机融合的宜居小木屋、枕木游步道等配套设施，打造了"形象美丽、生态示范、文化浓郁"的森林康养基地，是集铁皮石斛全生产链示范、游憩休闲、康养度假、科普教育于一体的石斛小镇旅游目的地和农村一二三产业融合发展示范点。

效益分析

项目	面积/亩	亩产量/千克	单价/(元/千克)	产值/元		成本/元		利润/元	
				亩产值	总产值	亩成本	总成本	亩利润	总利润
铁皮石斛鲜条	300	50	1200	60000	45000000	129500	38850000	20500	6150000
铁皮枫斗	300	9	10000	90000					

铁皮石斛喷灌设施

铁皮石斛

典型案例 2

经营主体	浙江铁枫堂生物科技股份有限公司 浙江物产长乐创龄生物科技有限公司
地点及规模	杭州市余杭区径山镇长乐林场中甘林区，林下铁皮石斛种植面积600亩

活树附生栽培铁皮石斛

经营概况 公司拥有 600 亩的集中连片种植区域，采用活树附生原生态立体栽培模式，将铁皮石斛直接种在树上，树下种植三叶青、黄精、百合、覆盆子等浙江道地中草药，让铁皮石斛真正回归本原，从哪里来回哪里去，野生铁皮石斛就是长在树上和岩石上的，让石斛接受自然的阳光雨露滋润，风吹日晒的考验，三九严寒的历练使品质明显提升，达到野生栽培的效果，近野生种植的石斛比大棚种植的病虫害明显减少，而且经测定近野生种植的石斛主要成分醇溶性浸出物明显高于大棚种植的石斛，超过国家标准一倍，品质显著提升。公司初步形成了林下种植、产品加工、休闲养生一二三产融合之路。基地被评选为"浙江省中医药文化养生旅游示范基地""全国近野生铁皮石斛示范基地""国家林下经济示范基地""全国自然教育学校（基地）"。

效益分析

项目	面积/亩	亩产量/千克	单价(元/千克)	产值/元		成本/元		利润/元	
				亩产值	总产值	亩成本	总成本	亩利润	总利润
铁皮石斛鲜条	600	5	2000	10000	9000000	10000	6000000	5000	3000000
铁皮花茶	600	0.5	10000	5000					

铁皮石斛林下康养设施

二、灵芝近野生栽培技术

（一）灵芝简介

灵芝（*Ganoderma lucidum*）隶属于担子菌纲多孔菌目多孔菌科灵芝属，被誉为仙草，是中国名贵传统中药材，在浙江已有6800多年的食用历史。灵芝性味甘平，归心、肺、肝、肾经，具有补气安神、止咳平喘的功效，其破壁灵芝孢子粉具补气安神、健脾益肺等功效。灵芝及其孢子粉中含有多糖类、三萜类、蛋白质、甾醇类、核苷类、微量元素等生物活性成分。现代临床医学研究证明，灵芝具有调节免疫、抗肿瘤、保肝解毒、抗衰老、抗神经衰

灵芝

弱、降血糖等功效。随着人们生活水平的提高，对养生越来越重视，灵芝作为一种名贵的中药材和养生圣品，受到了广大人民群众的青睐，市场需求量稳步增长。

外观形状上，赤芝子实体单生或丛生，外形呈伞状，菌盖肾形、半圆形或近圆形，直径10～18厘米，厚1～2厘米。皮壳坚硬，黄褐色至红褐色，有光泽，具环状棱纹和辐射状皱纹，边缘薄而平截，常稍内卷。菌肉白色至淡棕色。菌柄圆柱形，侧生，少偏生，长7～15厘米，直径1～3.5厘米，红褐色至紫褐色，光亮，肉质坚实。孢子细小，黄褐色。气微香，味苦涩。紫芝皮壳紫黑色，有漆样光泽。菌肉锈褐色。菌柄长17～23厘米。栽培品子实体较粗壮、肥厚，直径12～22厘米，厚1.5～4厘米。皮壳外常被有大量粉尘样的黄褐色孢子。

灵芝属高温型菌类，对温度的适应性范围较广。菌丝生长适宜温度为25～30℃。子实体分化所需温度为25～35℃，当温度持续高于35℃或低于18℃时，子实体不能分化，在温度27℃时生长较好。灵芝在菌丝体生长阶段是不需要光的，适宜在黑暗条件下进行。灵芝喜微酸性或微碱性、湿润环境，子实体生长发

育期空气相对湿度以 85%～95% 为宜。灵芝是一种好气性真菌，菌丝生长和子实体发育都需要较多的 O_2，通过人工通风与遮盖薄膜可以调节栽培环境中的 O_2 和 CO_2 含量，调控灵芝菌盖和菌柄的生长发育，培育出不同形状和品质的灵芝。

我国在 20 世纪 50 年代首次成功栽培灵芝并逐渐实现了灵芝规模化生产，现已成为全球生产规模和消费市场最大的国家。据 2015 年数据统计，我国灵芝及孢子粉年产量约 12 万吨，产值达 16 亿美元。浙江灵芝商品性生产始于 20 世纪 70 年代，已成为全国灵芝及孢子粉的主产区，主要集中在龙泉、庆元、遂昌、武义、磐安、常山、安吉等地，其中龙泉是"中国灵芝核心产区"。浙江全省灵芝种植面积 3000 亩，每亩灵芝子实体产量在 500～600 千克，灵芝孢子粉产量在 300～400 千克。2010 年 5 月及 2011 年 9 月，"龙泉灵芝""龙泉灵芝孢子粉"等获国家地理标志保护产品。浙江省现有以灵芝及灵芝孢子粉为原料的保健食品产品文号有好几十个，生产该类产品的保健食品企业几十家，主要产品有破壁灵芝孢子粉、灵芝复方改善睡眠浸膏、灵芝孢子油软胶囊、灵芝切片、灵芝超细粉、灵芝孢子粉（破壁）中药饮片等产品，产业产值达 40 亿元，产业规模占全国首位，是浙江省打造万亿级大健康产业新"浙八味"重点培育品种，浙江的"寿仙谷""五养堂"成为了中国十大灵芝品牌。

（二）技术介绍

1. 技术简介

目前，我国灵芝栽培主要以段木栽培和小径木栽培为主，代料栽培为辅。随着灵芝需求量的提高,由于灵芝大田覆土栽培模式存在连作障碍问题,每年新种植都要换新的大田,灵芝栽培与粮争田矛盾十分突出,我国浙江、四川、福建、广东等山区林地资源丰富,林下仿野生种植灵芝具有广阔的发展前景,不仅经济效益远高于一般经济作物,而且该模式下生产的灵芝品质较好,具有产量高、生物转化率高等优点,可有效克服灵芝连作障碍造成的栽培场地短缺问题。同时,还可以提高林下空间利用率,增强土壤肥力,促进林木生长,实现"以林养菌,以菌促林",以林菌复合经营带动新时期林下经济和森林康养健康产业的发展。

灵芝近野生栽培技术

灵芝林下仿野生栽培近几年刚刚从浙江兴起,这种将菌丝培养好的芝木覆土于遮阴较好的林下培育出芝,借助林地丰富资源及良好的遮阴、无污染的土壤条件,利用林下自然气候条件栽培出高品质和安全的灵芝及孢子粉,栽培技术比较成熟,已在浙江、四川、福建、广东等山区林地得到推广应用。据测算,每亩林地可种植芝木10~20立方米,可产灵芝子实体干品500~800千克,孢子粉300~500千克,每亩林地实现灵芝产值5万~8万元,除去生产成本,每亩创净收入2万~3万元,达到了"一亩山万元钱"的目标。

2. 技术要点

(1)菌种选择与木材准备。

灵芝菌种选择是栽培成功的关键措施之一。林下栽培应根据用途选用多孢型或少孢型菌种,尽量选择适宜当地种植的具有丰产性、稳定性、抗逆性较强的优质菌种,以确保高产、优质。段木对树种的要求不高，除松、柏、桉、樟等油脂较多且含刺激性气味的树种，其他阔叶树种均可，壳斗科的青杠树、栓皮栎等树种木质坚硬、心材少，较为合适。段木直径须达 6 厘米以上，要注意保护好树皮，在含水量 38%～45% 时截成 15～30 厘米长的段木；将段木装袋并扎紧后进行灭菌工作，一般高压蒸汽灭菌 121℃，灭菌 2～3 小时；常压蒸汽灭菌 100℃，灭菌 18～24 小时。制段灭菌以 11 月中旬至翌年 1 月下旬为宜。

（2）接种与菌丝培养。

接种室选用门窗封好、场地干燥、卫生条件好、便于清洁的房间，内用塑料膜制成相等的接种帐。接种前 8～12 天，用消毒剂对接种室和接种帐进行消毒，待灭菌后的段木袋内温度冷却至 30℃ 时开始接种。接种前，应先洗手换工作服、鞋子，工具必须经漂白粉消毒，接种人员的手经酒精消毒。适量菌种倒入已解开细绳的段木袋内，用镊子将菌种块夹入段木与包装袋的缝隙中，保持菌种分布均匀，重新用细绳捆紧袋口。接种后，段木发菌时间在 70～90 天，培养室温度控制在 20～25℃，空气相对湿度应维持在 50%～60%，并要求在黑暗环境中培养，并保持通风。

（3）种植地选择。

在灵芝生长过程中，光、温、水、气等环境因子对其产量、生物学效率和品质的影响至关重要。灵芝的生长需要适当的温湿环境，最适生长温度为 25～28℃，一般适合生长在湿度高且光线昏暗的山林中。灵芝在生长发育过程中对气体反应敏感，栽培场地应选择在通风、无污染、土质疏松的林地进行林下栽植，林地郁闭度 0.6 以上，确保灵芝的生长条件更接近于原生态环境。林地中光线较强的地方，需要辅助搭盖遮阳网遮光。

(4)林下仿野生种植。

4—5月待土温达到15℃以上,选择晴天下地排放,每亩排放菌段10~20立方米,林地平整的可多种植。将脱去袋膜的灵芝菌棒摆放在畦床内,上层先铺2~3厘米厚的细土,再覆盖枯枝落叶,最好选用针叶树种的枯枝落叶,如要培养较长菌柄的菌株,可适当增加覆盖物厚度。土壤湿润的,盖土后不用淋水;土壤比较干燥的,盖土后要进行喷水保湿或加盖稻草、透气型塑料薄膜保湿。出芝后,需保持湿润通气。在灵芝菌棒(芝木)覆土后用塑料膜支起50厘米高的灵芝棚盖住整垄,待到灵芝菌盖嫩边圈消失后,撤下灵芝棚,可保证出芝期灵芝幼嫩组织能快速健康生长,促进灵芝的生长和提高孢子粉产量。采芝期间,每采完一批灵芝,在采过的区域需要补充1~2厘米土。霜降后出芝停止,同时在种植区域加盖一层细土或稻草、落叶以防止霜冻。一般情况下,第2年3月中、下旬就可看到上一年所埋菌棒出现幼芝,这时需要进行出芝管理。林下杂草较少的情况下不用除草,以达原生态生长环境。采用段木栽培灵芝,可保持出芝2年,小径木和代料栽培方式一般当年出芝结束。

(5)病虫害防治。

在灵芝栽培管护过程中,应遵循"预防为主,综合防治"的基本原则,严格按操作规程控制杂菌污染,做好环境卫生,这是加强灵芝病虫害防治的重要环节。灵芝常见的病菌有木霉、根霉、青霉等,目前尚无补救措施,重在预防,可在土壤中拌入部分生石灰防止各种霉菌滋生。灭菌过程要保证灭菌彻底,接种环节要规范,保证环境卫生干净,防止病菌感染。灵芝常见的虫害有尺蠖、菌蝇、白蚁、蜗牛等,可采用人工捕捉的方式防治,或者在菌棒埋放地周围撒上一些消灭白蚁的药粉,还可以采用天然香精油（薄荷醇、桉油精或天然樟脑）、醋酸进行熏蒸等处理。在灵芝生产管理过程中，尽量创造适合灵芝生长发育而不利于病虫杂菌发生的生态条件，达到有效防控的目的，实现无毒化、无公害控制，保证灵芝产品的质量安全。

（6）采收与加工。

子实体于8—9月采收，当芝盖边缘的白色生长圈消失转为红褐色，菌盖表面色泽一致、不再增大时，用果树剪在灵芝留柄1.5~2厘米处剪下菌盖，即采即烘，可使用烘房或专用烘干机，温度控制在45~65℃，含水量控制在13%以下。

3. 发展潜力

灵芝在我国大部分地区均可生长，对地区的要求不高，我国的华东、华南、华西、华北、东北、西北、华中几乎全国都适宜发展灵芝种植，但灵芝的生长要求环境有很好的洁净度，温、光、水、气等环境因子对其产量、生物学效率和品质的影响至关重要。灵芝对温度的适应性范围较广，菌丝生长适宜温度为25~30℃，但子实体分化所需温度为25~35℃，当温度持续高于35℃或低于18℃时，子实体不能分化。灵芝在菌丝体生长阶段是不需要光的，适宜在黑暗条件下进行，子实体分化需要适当光照，林地郁闭度以在0.6~0.8为佳。灵芝喜潮湿，林地土壤湿度应能保持在50%~65%，空气湿度保持在70%~80%，特别是在子实体发育期，湿度不得低于80%，以控制在90%以上为宜。灵芝属于好气性真菌，菌丝生长和子实体发育都需要较多的O_2，空气中CO_2含量增加，会严重影响菌盖发育，故而要求林地空气流通性好。总之，温暖湿润、通风透气、光照充足、土质疏松、郁闭度高的林地山区均可栽培灵芝，但对于以原木熟段木覆土栽培模式来说，受限的还是栽培原料原木资源的问题。从市场角度来说，随着健康中国战略的实施，国家批准灵芝作为药食同源食材政策的推进，以及其灵芝孢子粉保健食品积案制度的执行，发展灵芝林下生态栽培前景广阔、潜力巨大。

（三）典型案例

典型案例 1

经营主体 丽水芝护康生物科技有限公司

地点及规模 缙云县新建镇联新村丰山，面积200亩

经营概况 公司以中医药文化养生为核心，是竹林灵芝基地种植和灵芝产品加工、生产、销售为一体的科技型企业。通过与浙江菇尔康公司及省、市科研院学专家合作，为生态竹林套种灵芝的生产技术提供了保证。目前种植原生态竹林灵芝200多亩，主要采集灵芝孢子粉，已先后开发了灵芝发酵酒、灵芝孢子糖及竹灵鸡和竹灵鸡蛋等产品，同时成功注册了"芝护康""仙芝精酿""仙芝陈酿""竹灵鸡""竹灵鸡蛋"五大商标，使得灵芝的附加值进一步得到提升。

效益分析

项目	面积/亩	亩产量/千克	单价/(元/千克)	产值/元		成本/元		利润/元	
				亩产值	总产值	亩成本	总成本	亩利润	总利润
灵芝孢子粉	200	60	1000	60000	15120000	55600	11120000	20000	4000000
灵芝干品	200	130	120	15600					

典型案例 2

经营主体　龙泉市泉灵谷生物科技有限公司
地点及规模　龙泉市山坑林场，面积200亩

经营概况　公司成立于2018年。其基地依靠现代林业科技，因地制宜，充分利用森林良好的自然条件，通过与浙江省农业技术推广中心、浙江大学和康恩贝公司等单位进行技术合作，实施林下种植灵芝，采用规范化种植技术进行科学管理，有效保证了产品质量。公司于2018年注册了"泉灵谷"商标，通过林旅融合，实行实体店销售和网络销售结合的模式进行产品销售，取得了较好的经济、生态和社会效益，起到了良好的示范带头作用。基地于2019年被中国林业产业联合会认定为"全国森林康养基地试点建设单位"。2020年，公司基地林下种植的灵芝面积为150亩，预计可产灵芝子实体1.5万千克，灵芝孢子粉3000千克，总产值约480万元。

林下灵芝栽培

效益分析

项目	面积/亩	亩产量/千克	单价/(元/千克)	产值/元 亩产值	产值/元 总产值	成本/元 亩成本	成本/元 总成本	利润/元 亩利润	利润/元 总利润
灵芝孢子粉	150	20	800	16000	4800000	20000	3000000	12000	1800000
灵芝干品	150	100	160	16000					

近野生栽培型和林下复合经营型技术

—— **典型案例 3** ——

经营主体	龙泉市年年丰家庭农场
地点及规模	龙泉市兰巨乡梅地村岙头，面积150亩

经营概况　农场成立于2013年7月，先后承包荒山以及流转毛竹林、阔叶林，经过多年的辛苦经营，现有4个灵芝种植基地——笋竹两用林368亩、栽培野生灵芝150亩。已注册"龙艺"商标，实行实体销售和网络销售结合的模式，把产品全方位推向市场。农场带动周边农户210余人就业，并建成中华野生灵芝谷1处，累计接待游客达3.86万余人，为林旅融合的生态产业发展提供了可行的案例。

林下灵芝采收

效益分析

项目	面积/亩	亩产量/千克	单价/(元/千克)	产值/元		成本/元		利润/元	
				亩产值	总产值	亩成本	总成本	亩利润	总利润
灵芝孢子粉	150	20	800	16000	4800000	20000	3000000	12000	1800000
灵芝干品	150	100	160	16000					

三、金线莲近野生栽培技术

（一）基本情况

金线莲 [*Anoectochilus roxburghii*（Wall.）Lindl] 为兰科开唇兰属多年生草本植物，别名鸟人参、金线兰、金丝草，是我国的传统珍贵药材，金线莲中含有金线莲苷、多糖、黄酮、有机酸、甾体化合物、生物碱、多种微量元素等化学成分，具有增强免疫、抗肝损伤、降血糖、抗氧化等药理活性。近年来，国内外对金线莲的深入研究发现金线莲还具有一定的抗肿瘤作用。

金线莲

金线莲为陆生兰科植物，株高8～18厘米。叶片卵圆形或卵形，上面暗紫色或黑紫色，具金红色带有绢丝光泽的美丽网脉，花为总状花序具2～6朵花，花期为9—11月。金线莲主要分布于热带与亚热带地区，主要包括我国、日本、印度和一些东南亚国家。我国金线莲主要产于福建、浙江、江西、广东、贵州、台湾、云南等地，其中以福建、浙江、江西和台湾为主要产区。金线莲喜阴湿、凉爽、弱光或散射光的环境，属中阴植物。

野生金线莲对环境条件要求非常严格,常生长于人迹罕至、较为原始的深山老林中。中性或微酸性、含水量为25%~40%的森林腐殖土或经风化的腐殖土最为适宜金线莲生长。金线莲常生长在伴有阔叶林、竹林、竹阔混交林、针阔混交林的阴湿沟边、石壁、土质松散的潮湿地带上。金线莲垂直分布幅度较广,其中以气候凉爽、植被覆盖较好的中低丘陵区分布较多,海拔为300~600米。

近年来,随着金线莲在医药、保健、美容、饮用品以及盆景花卉等诸多领域的广泛应用,国内外市场对金线莲需求量不断上升,市场缺口逐年加大,供需矛盾异常突出。由于金线莲自然繁殖率低,对生态环境要求严格,适应性较差,加之人工过度采挖,使得野生资源锐减,《濒危野生动植物种国际贸易公约》(CITES)将其列入附录Ⅱ的保护物种,《国家重点保护野生植物名录》(第二批)将其列为二级保护植物。20世纪80年代开始,科研工作者开展了金线莲种质资源评价、种苗繁育、人工栽培技术、化学成分和药理活性研究。近年来金线莲产业规模不断扩大,成为我国发展较快的中药材之一。目前金线莲的年均需求量仅韩国、日本就在1000吨以上,且70%依赖进口。据初步统计,全国金线莲出苗量为6000万瓶,年产值达30亿元,在产业规模不断扩大的同时,产业组织结构也处于不断优化的状态。

(二)技术介绍

1. 技术简介

金线莲近野生栽培是根据金线莲生长发育习性及其对生态环

金线莲近野生栽培技术

境的要求，以林地资源为依托，利用林木枝叶适当的遮阴效果，形成有利于金线莲生长环境的一种栽培模式。金线莲近野生栽培不与粮食争良田，不与林木争林地，充分利用林地空间，有效地解决了金线莲生产的土地问题。近野生栽培在最大程度上还原了野生金线莲的生长环境，在保证产量的同时也保证了金线莲药材的质量。

近年来，在浙江农林大学等单位的指导下，相关经营主体针对金线莲繁殖难、种植难等制约产业发展的瓶颈问题进行技术攻关，形成了系列原创性成果：①构建金线莲种质资源评价技术体系，揭示重要农艺性状变异规律，提出"种质资源收集→农艺性状、功效成分系统评价→优良品种（品系）筛选"的技术方案，选育出'健君1号'等金线莲新品种。②攻克繁育难题，揭示胚胎败育是引起金线莲杂交结实率低的主要原因，通过建立"球形胚剥取→启动培养基→壮苗培养基→新植株"的幼胚拯救体系，优化金线莲组培技术方案，种苗培育期缩短 30～40 天，组培污染率降至 5% 以下，实现了种苗工厂化生产。③阐明金线莲生长发育规律，对光照、温度、水分、基质、肥料等金线莲生长过程中的关键因子进行研究，结合金线莲生理和生态特性，通过优化林分郁闭度、栽培基质、栽培管理技术、病虫害防治技术等，以此为依据制定金线莲林下近野生栽培技术操作规程。2018 年，该成果获第十八届浙江省科技兴林奖一等奖。

2. 技术要点

金线莲近野生栽培技术涉及产地选择、种苗生产、栽培管理技术与病虫害防治等四个方面的技术要点，具体概述如下：

(1)产地选择。

产地宜选择生态条件良好、水源清洁、排水良好、立地开阔、通风的平地或坡地,坡地坡度应小于20度,要求周围5千米内无工业厂矿、无"三废"污染、无垃圾场等其他污染源,生产区域距离交通主干道500米以外。空气应符合GB 3095—2012(环境空气质量标准)规定的二级标准。水质应符合GB 5084(农田灌溉水质标准)规定的旱作农田灌溉水质量标准。

(2)种苗生产。

选取生长健壮、无病虫害植株的茎尖或带节茎段为外植体。用自来水冲洗30分钟,然后在超净工作台上用75%的酒精消毒30秒,再用1%次氯酸钠消毒10~20分钟,最后用无菌水清洗3~4次,沥干。将处理好的外植体平铺于已灭菌的1/2MS基础培养基上,置于培养室进行培养120~150天,培养室的温度保持在25±2℃,光照强度控制在2500~3500勒克斯,光照时间14小时/天。培养基添加有机物如香蕉泥、蛋白胨,对增殖及壮苗促进作用明显。组培期间,发现异株和污染株,整瓶剔除,以保证种苗质量。继代控制在3~5代之内。

将组培室生产的组培瓶苗移放置于炼苗棚苗床上,进行驯化炼苗15~30天;然后往瓶内灌入少量清水,轻轻取出组培苗,用清水洗净植株基部的培养基。用于栽培的苗应该为生长健壮、无污染、无烂茎、烂根。

(3)栽培管理。

金线莲的近野生栽培主要采用林下栽培模式。根据林下近野生栽培形式不同分为林下地栽和林下立体栽培两种类型。

林下地栽:金线莲为阴生植物,野外主要分布于常绿阔叶林的沟边、石壁以及土质松散的潮湿地带。林下近野生栽培应选择阴湿、凉爽、弱光、水湿条件优越的林地、疏林地或灌木林地，植被类型为常绿阔叶林、针阔混交林或毛竹林。种植地坡度应小于20度，以东坡、东北坡为佳。种植前，应清除林分中的老枝、病枝、弱枝和机械损伤枝，并清理杂草、杂灌等杂物，在林木之间铺设一层遮阳网，使林分的遮阳度为70%~80%。对选取的场地需进行平整，去除大石块、树枝，开沟作畦，畦宽120厘米左右，高15~20厘米，长度根据地块而定，开好畦沟、围沟，以雨后地块无积水为宜，种植地四周配备相应的鸟害、鼠害防护设施。将栽培基质拌入腐熟的牛粪或者羊粪，铺于畦面上，基质厚度为10厘米左右。按照（3~5）厘米×（3~5）厘米的密度进行移栽，栽种后10天左右，选择阴天进行间苗与补苗，间苗时留优去劣，发现缺苗时应及时补栽，补苗宜早不宜晚，补苗后要及时浇水，以利幼苗成活。

移栽成活后，用氨基酸液体肥料或兰菌王喷施1次。高温干旱季节，需通过喷雾进行降温增湿；雨季要清理排水沟，以保证沟底无积水。金线莲林下地栽种植床易滋生杂草，应及时清除，并定期清理遮阳网上的枯枝落叶。种植基地应派专人看护，或安置监控设备及报警系统，以防盗窃事件发生。

林下立体栽培：是指将不同生理特性的植物在同一林地按不同的空间进行优化组合，有效提高对土地、光能等自然资源利用率的栽培模式。金线莲林下立体栽培一般可分为两类，林下搭架栽培和林下悬挂栽培。林下搭架栽培一般选择常绿阔叶林、针阔混交林或毛竹林，通过遮阳网使林分的遮阳度达到70%~80%，在林下用毛竹搭建50~70厘米的架子，将移栽好的穴盆或种植筐摆放在架子上。林下悬挂栽培一般选择常绿阔叶林或针阔混交林,将尼龙网兜悬挂于树上,将移栽好的穴盆或种植筐摆放在网兜内。林下立体栽培的栽培基质、移栽方法、肥水管理、病虫害防治等与林下地栽相类似,且通风性、排水性较好。此外林下悬挂栽培能较好地预防鸟兽危害。

(4)病虫害防治。

坚持"预防为主、综合防治"的原则,加强农业、物理、生物防治,力求少用化学农药。在必须施用化学农药时,严格执行中药材规范化生产农药使用原则,严格掌握用药量和用药时期,优先使用植物源或生物源农药,选用几种不同农药品种进行交替使用,避免长期使用单一农药品种。农药安全使用标准和农药合理使用准则参照 GB 4285(农药安全使用标准)和 GB/T 8321—2009(农药合理使用准则)执行。

主要病害:①茎腐病由镰刀菌(*Fusarium* spp.)从茎基部侵染引起,病菌经由表皮、根毛或根茎侵入金线莲茎基部。发病时植株茎基部出现黄褐色水渍状病斑,很快发展至绕茎一周,病部组织腐烂干枯溢缩呈线状。病势发展迅速,幼苗迅速倒伏死亡,出现猝倒现象。可用30%甲霜·恶霉灵800倍液喷雾防治,一般每隔7天喷一次,连续喷2~3次。②软腐病由软腐欧文氏菌黑茎病变种[*Eruinia carotovora* var. *atroseptica* (Hellmers et Dowson) Dye] 引起,主要通过昆虫、雨水、农具等造成伤口和植株叶片的水孔、气孔侵染。病症初期叶片表面出现黑褐色斑点,犹如水渍状,继而扩大,危及整张叶片,使叶片迅速软腐,有明显汁液流,最后造成植株死亡。可用30%甲霜·恶霉灵800倍液或90%新植霉素可溶性粉剂3000~4000倍液喷雾防治,一般每隔7～10天喷一次，喷1～3次。③灰霉病由灰葡萄孢（*Botrytis cinerea* Pers. ex Fr.）引起，主要为害叶片，也可发生于茎或叶柄。病斑周围叶片组织褪绿而呈红色或粉红色，潮湿条件下病斑迅速扩大，导致整张叶片腐烂，病组织表面密布灰色霉层。病害多数从植株中、下部叶片开始发生，并逐渐向上扩展，最后可侵染心叶，导致植株死亡。一般用75%百菌清可湿性粉剂800倍液或58%甲霜灵锰锌可湿性粉剂800倍液喷雾防治，每隔7天喷一次，喷1～2次。

主要虫害：①蜗牛和蛞蝓。在整个生长期都可为害，常咬食嫩芽、嫩叶。一般白天潜伏阴处，夜间爬出活动为害，雨天危害较重。防治方法主要有：用菜叶或青草毒饵诱杀，即用50%辛硫磷乳油0.5千克加鲜草50千克拌湿，于傍晚撒在田间四周或沟边诱杀；在畦四周撒石灰或6%四聚乙醛颗粒剂拌细沙撒施，防止蜗牛和蛞蝓爬入畦内为害。②蝼蛄在土中咬食幼苗根茎，呈乱麻状断头，造成幼苗死亡；3龄前小地老虎幼虫取食金线莲的心叶、叶片吃成小刻口或呈网孔状，3龄后幼虫将金线莲幼苗从近地面的嫩茎咬断，造成缺苗断垄。防治方法主要有：按照糖、醋、酒、水比例为3∶4∶1∶2配制糖醋液，并加入少量乐斯本，装进诱杀盆，白天盖好，晚上掀起诱杀；黑光灯诱杀成虫，灯下放置盛虫的容器，内装适量的水，水中滴入少许煤油。

3. 发展潜力

金线莲喜阴湿、凉爽、弱光或散射光的环境，属中阴植物，野外主要分布于常绿阔叶林的沟边、石壁以及土质松散的潮湿地带。因此近野生栽培金线莲可以林地资源为依托，充分利用林木枝叶所产生的遮阴效果，形成有利于金线莲生长的环境。林下近野生栽培不与粮食争良田，不与林木争林地，充分利用空间，有效地解决了中药材生产的土地问题，并且弥补了林木行业前期"投入高产出低"的缺点。金线莲林下近野生栽培应选择阴湿、凉爽、弱光、水湿条件优越的林地、疏林地或灌木林地，植被类型为常绿阔叶林、针阔混交林或毛竹林。

金线莲林下近野生栽培技术单位面积产量相对较低，并且具有技术要求高、产出效益高、生产风险高的特点。同时，近野生栽培的金线莲种源大多来自野生资源，不同种源的金线莲其株高、地径、叶长、叶宽、植株叶面积、叶片鲜重、叶片数、高径比、植株鲜重等形态学性状以及金线莲苷、多糖、黄酮等化学成分均存在差异，以致产量与内在质量不稳定，严重影响了药材的质量。品种与质量标准体系研究滞后制约了金线莲近野生栽培技术的可持续发展。

（三）典型案例

―――――――― 典型案例 1 ――――――――

经营主体	平阳县李招弟家庭农场
地点及规模	平阳县顺溪镇余山村，面积 42 亩

经营概况　在浙江农林大学等技术单位的指导下，农场开展金线莲林下仿野生种植，并逐步扩大种植规模。此外，通过改进的传统食疗、茶疗等秘方，以全民保健养生及药食同源的理念，充分结合金线莲固有的药性及多方面的功效，开设畲乡主题餐饮馆，建造畲医药康养主题乡村民宿，集中展示畲乡传统文化和膳食养生文化。

效益分析

项目	面积/亩	亩产量/千克	单价/(元/千克)	产值/元		成本/元		利润/元	
				亩产值	总产值	亩成本	总成本	亩利润	总利润
金线莲	42	60	1200	72000	3024000	48000	2016000	24000	1008000

技术人员检查金线莲生长情况

典型案例 2

经营主体 金华市婺城区包根玉家庭农场

地点及规模 金华市婺城区沙畈乡潭背村，面积 20 亩

经营概况 沙畈乡潭背村拥有万亩山林，但经济相对落后。2017年，在金华市农业科学研究院的帮助下，农场负责人陆续参观了各种植基地，研究生态仿野生栽培金线莲相关技术，积累了一定经验，并与浙江省林科院及金华市、婺城区的农林科研部门建立了良好的协作关系。2018 年率先开始林下仿野生栽培金线莲，在经历失败后不放弃，后仿野生栽培金线莲获得成功。

效益分析

项目	面积/亩	亩产量/千克	单价/(元/千克)	产值/元		成本/元		利润/元	
				亩产值	总产值	亩成本	总成本	亩利润	总利润
金线莲	18	40	900	36000	648000	48000	270000	21000	378000

婺城林下金线莲栽培基地

林下金线莲长势喜人

四、华重楼近野生栽培技术

(一) 基本情况

华重楼[*Paris polyphylla* Smith var. *chinensis* (Franch.) Hara]是百合科重楼属植物,植株高35~100厘米,无毛;根状茎粗厚,直径1~2.5厘米。叶5~8枚轮生,通常7枚,倒卵状披针形、矩圆状披针形或倒披针形,基部通常楔形。内轮花被片狭条形,通常中部以上变宽,宽1~1.5毫米,长1.5~3.5厘米。蒴果紫色,直径1.5~2.5厘米,3~6瓣裂开。种子多数具鲜红色多浆汁的外种皮。花期5—7月,果期8—10月。

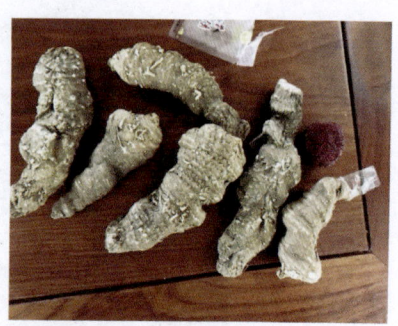

华重楼植株与干燥根

华重楼喜阴凉、水分适宜的环境,一般生长在山谷、阔叶林下、灌木丛中、溪涧边及岩石旁,在浙江海拔200米以上的阴凉山间均有分布;对光照以及土壤条件要求较高,喜散射或者斜射光,在含水量适中、排水良好的砂质或者腐殖质土中长势良好;强直射阳光容易使叶片灼伤,造成其枯萎死亡;对温度要求不是很严格，20℃左右温度最适宜华重楼生长，一年中营养生长期相对较短，生殖生长期以及越冬期较长。

华重楼主要以干燥根茎入药，其性微寒、味苦，具有清热解毒、消肿止痛、凉肝定惊之功效，主要用于治疗疔疮痈肿、咽喉肿痛、蛇虫咬伤、跌扑伤痛、惊风抽搐等，是云南白药、季德胜蛇药片、宫血宁胶囊等中成药的主要成分。与云南重楼一起作为重楼药材的法定基原收载于《中国药典》(2015年版)，是珍稀药用植物。

华重楼的来源目前主要以野生资源为主，而持续几十年的毁灭性采挖，导致华重楼及其同属植物资源已近枯竭。巨大的供需矛盾促使华重楼药材价格飞涨，进一步刺激药农滥采滥挖，加剧了各地区野生华重楼资源的枯竭。因此，开展林下华重楼仿生栽培技术推广与示范，不仅可以解决市场货源紧缺，缓解供需矛盾，还可充分利用林地资源，有效提高林地利用率，对推动浙江省大力推广应用先进适用技术和新型林下种养模式，提高林地生产力和综合效益，促进农民增收具有重要意义。

（二）产业发展

1. 现有规模及推广成效

目前已收集华重楼30多个种源的种质资源库，并开展了不同栽培模式和不同种源试验研究。通过对华重楼生态高效复合经营栽培模式的推广，已在杭州、丽水等地建立多个华重楼林下种植基地，林下种植面积近千亩。

2. 效益情况

华重楼林下种植推荐使用3～4年生的小苗，一般4年后就可以收货，按照林下每亩种植3000株，每年施肥2次，除草2次，病虫害防治1次计算。效益如下：

成本总计为22000元。其中，3年生苗木2元/株，3000株/亩，费用为6000元/亩；肥料费每年为1000元/亩，4年费用为4000元/亩；药剂费每年为500元/亩，4年费用为2000元/亩；种植、除草、施肥等人工费用每年2500元/亩，4年费用为10000元/亩。

产出：500千克/亩，价格为200元/千克，每亩产出为100000元。

每年每亩实际收益=（100000－22000）÷4=19500元。

3. 发展潜力

华重楼是我国汉医药中常用的中药材，也是藏族、傣族、维吾尔族、蒙古族等民族医药中常用的民族药，为我国著名的云南白药、宫血宁胶囊、季德胜蛇药等中成药的主要原料。现代药理研究表明，华重楼主要活性成分为甾体皂苷，具有抗肿瘤、抗菌、止血、免疫调节、镇静、镇痛等活性。

华重楼近年来市场需求加大，市场始终处在供不应求的局面，再加上我国华重楼人工种植处于种子繁育阶段，华重楼种植周期比较长，短时间很难有大货供应市场，所以近年来华重楼价格节节攀升。再加上农民采挖野生华重楼积极性高涨，导致野生资源枯竭。利用经济林或其他林分天然的遮阴优势进行林下套种华重楼，对推动林下经济发展，实现兴林富民、提高经济效益和生态效益，保护环境具有重要的意义，更是各地政府作为乡村振兴的重要手段。

（三）技术要点

1. 林地选择

华重楼林下套种有多种经济林可选择，比如毛竹林、杉木林、老油茶林等，要求郁闭度在60%～80%，且已采取垦复、抚育等较高强度经营管理措施的林地。以土层厚度大于30厘米，含腐殖质丰富的酸性土壤，坡度小于25度、排涝较好的砂质壤土和壤土林地为宜。除此之外，套种林地应无严重病虫害，林下便于耕作。

华重楼近野生栽培技术

2. 种植前准备

（1）清理林地。

对毛竹林、杉木林、老油茶林等林分进行间伐，按照"砍小留大、砍密留疏、砍劣留优、照顾均匀"原则砍去过密林木，间伐之后林分郁闭度控制在0.6～0.8，以利于光照；然后劈除林下的灌木杂草，清除石块等杂物。

（2）整地施基肥。

林地清理结束后，根据林地坡度大小进行全垦或带状整地，因华重楼是浅根性植物，整地深度在20厘米左右即可。结合整地，每亩均匀撒施腐熟农家肥1000～1500千克，浅锄入土，再将土和肥料充分拌匀，把土整细耙平，根据地形筑0.8～1.2米宽度的畦，并开好排水沟。

3. 栽植方法

（1）种苗选择。

华重楼种苗繁殖主要有种子和块根2种繁殖方式。由于种子休眠期较长，一般需2年出苗，育苗时间跨度长，用种子繁殖方式培育苗木一般适用于大规模种植；小规模种植多采用块茎切割无性繁殖，在苗圃地培育2～3年后用于林下种植。华重楼属多年生草本植物，每年冬季植株枯落，翌年2月长出新苗，栽植时应选择生长健壮、带有块根和须根的苗木进行栽植。

（2）种植时间。

华重楼实生苗适宜在春季2—3月种植，应选择阴天或午后阳光弱时进行栽植。

（3）种植方法。

首先在畦面上依照30厘米×40厘米的株行距挖穴，穴深6～8厘米；然后把华重楼苗木植入穴内，栽植时将苗木根系舒展开，因苗木较细嫩，覆土时应注意不要用力过猛，并与畦面持平，栽好后浇1次定根水。

4. 林间管理

（1）适度遮阳。

华重楼生长过程中忌强直光照射，当树林内有较大天窗时，就要加盖遮阳网，一般遮阴度控制在60%左右；没有条件的地方也可采用插树枝的方法遮阴。

（2）中耕除草。

一般每年3次，采用人工锄草，禁用除草剂。第1次在2—3月齐苗后，第2次在5—6月生长旺盛期，第3次在倒苗后，可根据需要铲除杂草。中耕时应浅锄，以免伤芽伤根。入夏后干旱季节可适当生草，拔去根系较深、分枝较大的草，留草高度不应超过植株本身，以抗倒伏。

（3）合理追肥。

追肥应结合中耕除草，以有机肥为主。栽植后第1年，冬季倒苗后，每亩施有机肥 800～1000 千克。栽植后第 2 年开始，每年施 3 次肥料，第 1 次在齐苗期，每亩施有机肥 500～800 千克，第 2 次在生长旺盛期，每亩施草木灰 100 千克，第 3 次在冬季倒苗后，每亩施有机肥 800～1000 千克。

（4）清沟排水。

华重楼栽植后应视天气情况再浇水 2～3 次，生长季节要注意控制土壤的水量，雨季应尽快疏沟排水，避免出现积水，否则容易引起烂根，若遇干旱天气，要结合土壤的湿润程度和植株长势进行浇灌。

5. 病虫害防治

华重楼主要病害为茎腐病、叶斑病及灰霉病等；主要虫害为蛴螬、地老虎、地鼠等害虫。

（1）茎腐病。

发病初期，叶片、茎基出现水渍状小斑，病斑扩大后，叶尖失水下垂，造成根茎部组织腐烂、倒苗；该病多发生在高温多雨季节。防治方法：冬季植株倒苗后清除枯枝、病叶，并将其集中焚毁；药物防治可用 80% 代森锌 500 倍液、75% 百菌清 600 倍液、72% 甲霜灵锰锌 600 倍液等其中一种药液进行喷施防治。

（2）叶斑病。

主要是叶片受害，低洼积水处，通风不良，光照不足，肥水不当等容易发病。防治方法：及时清除严重病叶集中处理，注意通风排水；选用 50% 多菌灵、30% 特富灵（氟菌唑）1000 倍液浸种消毒 10 分钟；发病初选用 40% 福星（氟硅唑）3000 倍液、10% 世高（苯醚甲环唑）水分散颗粒剂、30% 特富灵（氟菌唑）可湿粉 1000 倍液 + 嘉美金点 1000 倍液交替喷施防治。

（3）灰霉病。

主要为害叶片、花蕾及茎秆，病害发生初期呈水渍状斑块，随着病斑的逐渐扩大，后期病部产生灰色霉层。防治方法：注意排水和降低湿度，及时清除病残体，增施有机肥，提高植株抗病能力；药物防治可选用40%嘧霉胺1000倍液、40%明迪（氟啶胺+异菌脲）3000倍液、50%速克灵2000倍液等其中一种药液喷雾。

（4）地下害虫。

地下害虫主要有地老虎、蝼蛄等，其在华重楼出苗时咬食为害，咬断植株的根部和嫩苗茎基部，使之呈不规则的凹洞或倒伏。防治方法：可利用害虫趋性使用黑光灯诱杀和人工捕杀，也可用少量樟脑粉兑水喷雾驱赶；药物防治可在成虫发生初期选用50%辛硫磷乳油1000倍液或10%吡虫啉1500倍液喷施防治，也可在幼虫期用3%辛硫磷颗粒剂150千克/公顷混细土撒施于华重楼植株旁进行诱杀。

（5）地上害虫。

地上害虫主要有金龟子、蓟马类等。金龟子幼虫咬食块茎，成虫为害叶片。防治方法：夜间用火把诱捕成虫，或用鲜菜叶喷洒敌百虫放于畦面诱杀幼虫，以控制虫口密度；整地做畦时，撒施5%辛硫磷颗粒剂30千克/公顷。蓟马类主要有花蓟马、瓜蓟马等，不仅为害叶片及花蕾，还会传播病原菌，对华重楼的生长和产量影响较大。防治方法：及时清除畦面杂草和枯枝残叶，利用蓝板诱杀成虫；药物防治可选用5%啶虫脒2000倍液或10%吡虫啉1500倍液进行喷施防治。

6. 采收和加工

（1）采收。

华重楼种植4年后（采用3～4年生小苗）即可采收，具体采收年份可根据市场行情决定。采收时在11月倒苗后挖取，此时华重楼块茎大部分生长于表土层，采挖较方便。采挖前清除枯枝落叶，再用锄头从植株侧面开挖，可以更好地保证块茎的完整性，挖好后抖去泥沙及杂质，运至室内摊开待处理。芽头好、根系发达、个头较小的块茎可收贮作为下年用种。

（2）加工。

将收回的茎块分级过筛，去掉须根并用水洗净，可以晾晒或者阴干，若遇连续雨天，可在50～60℃烘房内烘干，粗大的块茎也可趁鲜切片后再晒干或烘干保存。

（四）典型案例

典型案例 1

经营主体	淳安石林镇七叶家庭农场
地点及规模	淳安县石林镇玳瑁村，面积120亩

经营概况 农场拥有120亩阔叶林林下种植中药材生产基地。其中华重楼和白及种质来自磐安原产地，结合石林特殊小气候仿原生态种植华重楼70亩、白及50亩。农场带动周边农户320户进行中药材种植，其所在的石林镇已形成总面积达3000余亩的林下中药材小镇，生态与社会效益明显。

无纺布袋栽培华重楼

效益分析

项目	面积/亩	亩产量/千克	单价/(元/千克)	产值/元		成本/元		利润/元	
				亩产值	总产值	亩成本	总成本	亩利润	总利润
华重楼块茎	120	100	1200	120000	10400000	40000	4800000	46667	5600000
白及块茎	120	200	200	40000					

典型案例 2

经营主体 龙泉市莘野家庭农场

地点及规模 龙泉市八都镇四村，面积 40 亩

经营概况 农场因地制宜，充分利用毛竹林良好的自然条件，依靠现代林业科技，实施林下套种华重楼。通过采用规范化种植技术，进行水肥管理，成效显著。通过竹林下套种，农场完善了竹林经营理念，取得了较好的经济、生态和社会效益，起到了良好的示范带头作用。2017 年种植毛竹林下套种的 40 亩华重楼，年

预计（目前尚未收获）可产华重楼鲜茎 1.6 万千克，毛竹鲜笋 2.4 万千克，毛竹杆材 5.2 万千克，总产值约 249.15 万元。

效益分析

项目	面积/亩	亩产量/千克	单价/元/千克	产值/元		成本/元		利润/元	
				亩产值	总产值	亩成本	总成本	亩利润	总利润
华重楼鲜茎	40	400	150	60000	2491520	20000	800000	42288	1691520
毛竹鲜笋	40	600	2.6	1560					
毛竹杆材	40	1300	0.56	728					

华重楼近景

毛竹林下套种华重楼

典型案例 3

经营主体	浙江茂润百草生物科技股份有限公司
地点及规模	遂昌县白马山林场对公岭林区，面积 150 亩

经营概况　浙江茂润百草生物科技股份有限公司是一家集中药材繁育、种植、科研、推广、技术咨询、技术培训、中药材初加工与销售为一体的综合性生物科技股份有限公司。从 2016 年开始

在海拔1000米以上的遂昌县白马山林场杉木林下种植华重楼，建设面积包括基地150亩、苗圃5亩，在浙江省林业科学研究院和遂昌县生态林业发展中心的技术力量支持下，目前已建成一个基础设施相对完善、新技术集成运用良好的林下华重楼仿野生栽培示范基地，预计亩产值可达6万元，总产值达900万元。

林下华重楼栽培基地

效益分析

项目	面积/亩	亩产量/千克	单价/(元/千克)	产值/元		成本/元		利润/元	
				亩产值	总产值	亩成本	总成本	亩利润	总利润
华重楼块茎	150	75	800	60000	9000000	13000	1950000	47000	7050000

杉木林下套种华重楼

五、桑黄近野生栽培技术

（一）基本情况

桑黄是一种珍贵的多年生大型药用真菌，素有"森林黄金"之美称，隶属于担子菌门锈革菌科桑黄孔菌属的一类多年生大型药用真菌，俗称桑臣、桑耳或胡孙眼等。《药性论》《本草纲目》和《神农本草经》等历代本草著作中均有记载。传统中医认为，桑黄味微苦、性寒，多用于治疗痢疾、盗汗、血崩、血淋、脱肛泻血、带下、闭经、脾虚泄泻等症。现代药理研究表明，桑黄菌提取物在抑制细胞转移和防止癌症手术后复发等的临床应用中具有显著效果，是目前国际公认的生物抗癌天然产品中最有效的一种药用真菌之一，已经成为国内外医药制剂和保健品行业研究开发的热点，对桑黄的需求越来越大，价格越来越高，市场价已有每千克4000元至上万元不等。

桑黄林下栽培是以林地资源为依托，在不影响林木的正常生长，不降低其生态功能的前提下，充分利用了林地资源优势和林荫空间环境，开展复合经营，从而增加林业附加值。

（二）技术介绍

1. 技术简介

林下栽培桑黄，不与粮争田，不与果争地，在收获珍稀食用菌桑黄产品的同时，栽培后的菌棒废料又可大幅改善林中土壤结构和肥力，形成林业和食用菌双增效的生态可持续发展模式。利用林中的自然遮阴条件在林下空地仿野生栽培桑黄，不仅避免人工搭

桑黄近野生栽培技术

建大棚成本，还可充分利用林中的自然生态条件让桑黄近自然生长，得到品质贴近野生的高品质桑黄，桑黄活性成分含量更高，也更适合桑黄栽培的推广。

2. 技术要点

（1）林地选择。

远离污染源，林地植被类型为阔叶林、针阔混交林、竹林等，郁闭度以0.7~0.8为宜，通风排水性能好，林地周围有洁

净的水源。

（2）季节安排。

一般在 1—2 月制作菌包，1—4 月菌丝培养，4—5 月进林地排场，7—8 月采收。

（3）菌包制作。

配方：桑枝木屑 78%、麸皮 10%、玉米粉 10%、石膏或碳酸钙 1%、糖 1%；含水量 50%～55%。

灭菌：一般采用 17 厘米 ×33 厘米 ×0.0045 厘米低压聚乙烯塑料袋，拌料后 5 小时内完成装袋。采用常压蒸汽灭菌，100℃保持 12～16 小时。等料袋温度下降至 60～70℃出锅冷却。

接种：接种前，接种室或接种棚要用食用菌专用气雾消毒剂熏蒸消毒。当灭菌后的菌包温度冷却至 30℃以下，按接种规范要求接种，接种全程执行无菌操作。

（4）菌包培养。

事前应对培养场所的空间进行清扫和消毒，温度控制在 25℃左右，不宜低于 10℃或高于 33℃；空气相对湿度控制在 60% 左右；培养室应避光并保持空气新鲜，高温高湿时要加强通风。春季制袋时要注意加温，及时检出污染菌包，并作无害化处理。

（5）林下栽培管理。

挖穴：菌包下地前适度清除栽培穴及附近杂物，根据林地实际情况，挖深 5～10 厘米、直径 10～20 厘米的菌穴。取长好菌丝的菌包，在菌包上部开两个开口向上的弧形口，弧形口的两端朝上。然后将菌包底面朝下保持直立埋入凹畦内的土壤中，相邻菌包之间的间距为 20 厘米以上，菌包顶部的通气口要拧紧。在每个桑黄菌包外用两根竹条或钢丝搭建一个透明的圆顶小塑料薄膜棚，薄膜棚下端离地面 1 ~ 2 厘米。

水分管理：出黄期间林中空气湿度以 85% ~ 95% 为宜，要定时监测，如空气湿度偏低可进行适度灌溉（早晚采用雾喷或微喷）。

采收：子实体无柄，形状多呈扇形，少许呈马蹄形。当菌盖嫩黄色生长圈消失并转为金黄色或黄棕色时及时采收。鲜品子实体颜色为金黄色，干品子实体颜色为棕黄色，采收的子实体要及时烘干或晒干，并密封保存。

3. 发展潜力

竹林、阔叶林等均可以进行林下栽培桑黄。

（三）典型案例

―――――― 典型案例 1 ――――――

经营主体	浙江省林业科学研究院
地点及规模	杭州市西湖区午潮山试验林场白岩寺，面积 5 亩

经营概况　以浙江省林业科学研究院科技成果优势为支撑，依托"浙江杭州国家林业科技示范园区"平台，实施林下菌菜药循环立体栽培模式。选择桑黄、羊肚菌等珍稀食用菌，大叶蒲公英、养心菜等特色养生菜，实现菌－菜轮作、空间附生、立体种植的高效栽培模式。珍稀、特色资源结合现代先进技术，保证了林菌、林菜和林药的适应性、道地性。目前菌菜药循环立体栽培模式经营面积 5 亩，采用有机种植和农业物联网相结合的方式，产品品质和附加值逐年提升。

效益分析

项目	面积/亩	亩产量/千克	单价/(元/千克)	产值/元		成本/元		利润/元	
				亩产值	总产值	亩成本	总成本	亩利润	总利润
桑黄	1	40	3000	120000	915000	160000	800000	23000	115000
养心菜	2	3000	6	18000					
羊肚菌	2	50	400	20000					
大叶蒲公英	2	2000	5	10000					
铁皮石斛	2	50	1200	60000（4年）					

杭州林下桑黄栽培基地

第三章　林下复合经营型科技富民模式

一、多花黄精林下栽培技术

（一）多花黄精简介

1. 物种特性、产量

（1）生物学特性。

多花黄精（*Polygonatum cyrtonema* Hua）是百合科黄精属的多年生草本植物。地下块茎肥厚，通常连珠状或结节成块，少有近圆柱形，直径1～2厘米。茎高可达100厘米，叶互生，椭圆形、卵状披针形或矩圆状披针形，长10～18厘米，宽2～7厘米，先端尖至渐尖。伞形花序，花被黄绿色，总花梗长1～4厘米，花梗长0.5～1.5厘米。5—6月开花，8—10月结果，浆果黑色，具3～9颗种

多花黄精块茎

子,种子发芽时间较长,发芽率60%~70%,种子寿命为2年。

(2)分布。

多花黄精生态适应性强,生长地域广,自然分布于我国四川、贵州、湖南、湖北、河南、江西、安徽、江苏、浙江、福建、广东、广西等地。生长于林下、灌丛或山坡阴处,耐寒,但不耐干旱。

(3)用途。

多花黄精主要利用器官为地下块茎,药食同源,主要药效成分为多糖、皂苷、黄酮等,味甘、性平,补气养阴、健脾、润肺、益肾,可用于脾虚胃弱、体倦乏力、口干食少、肺虚燥咳、精血不足、内热消渴等病症。块茎蒸晒、烘干后食用或泡制、增值加工,嫩芽、花、块茎也可作蔬菜食用。

(4)产量。

多花黄精林下种植3年后可采收地下块茎,采取选择性采挖方式,能实现可持续经营目标。块茎年产量可达800千克/亩以上。

2. 市场概述

随着我国社会经济的高速发展,人民生活水平不断提高,健康产业迎来快速发展期,多花黄精种植和产品开发形势也一片向好。目前,多花黄精主要产品包括粗粮、蜜饯、饮料、保健酒、饼干、黄精粉、黄精膏、黄精颗粒、胶囊、片剂等,高附加值新产品不断涌现。据不完全统计,全国现有多花黄精种植面积40多万亩(主要为农田和旱地种植),呈高速发展趋势,种植面积年增长率达10%以上,鲜块茎市场价格从几年前的6元/千克左右提高到目前的20元/千克以上,仍在价格上升期。现全国多花黄精产业年产值超100亿元,到2030年可望实现千亿产业目标。

(二)技术介绍

1. 技术简介

通过适于林下多花黄精复合经营的林分选择，调控林分透光率、降低土壤紧密度、改善土壤水肥条件等构建多花黄精林下良好生长环境，实施多花黄精高质量林下引入、施肥、灌溉、摘花打顶、块茎可持续采收和病虫害防控等经营措施，在保障生态环境

多花黄精林下栽培技术

安全和多花黄精块茎较高的多糖、皂苷、黄酮等药效成分含量的基础上，实现较高的多花黄精块茎经济产出。块茎药效成分含量（秋季采收）和产量要求为：多糖含量 9% 以上，皂苷含量 3% 以上，总黄酮含量 0.3% 以上，块茎年产量 800 千克/亩以上。

目前，国内多花黄精林下复合经营种植规模 10 万亩左右，主要为浙江、江西、福建、湖南、贵州等地。通过林下多花黄精复合经营技术的实施，种植 3 年后年产值可达 1.5 万元/亩以上，年经济效益 3000 元/亩以上。

2. 技术要点

（1）林地选择。

选择土壤疏松、肥沃，近水源，交通方便的毛竹、杉木、板栗、锥栗、山核桃、香榧、油茶、阔叶林等林分进行多花黄精林下复合经营。环境空气、土壤和灌溉水质量应符合相关国家标准规定的要求。

（2）林地清理。

在多花黄精引入前，人工或机械劈除林下杂灌草，以利多花

黄精引入和抚育管理。为保障多花黄精根状茎质量安全和环境安全，严禁使用化学除草剂。

（3）林分结构调控。

多花黄精良好生长的适宜透光率为45%～75%。过密林分需间伐去除枯死、倒伏、生长势差、干形差、有病虫为害的等立木，降低林分密度，并使立木在林中分布相对均匀；对于密度适宜，但透光率偏高的林分，可通过修枝方法调控林分透光率。如林下多花黄精复合经营毛竹林，通过季节性留笋养竹和选择性伐竹来调控林分结构为立竹密度170～200株/亩，立竹胸径10厘米以上，立竹年龄结构为1度、2度、3度，立竹数量比例为4∶4∶2，立竹在林中分布均匀。

（4）多花黄精林下引入。

种植带设置与处理：为便于抚育管理，减少水土流失，林下多花黄精复合经营一般采取带状种植方法。沿等高线每隔1～2米设置种植带1.5～2米。种植带采用林地垦复方式疏松培肥土壤，清除树蔸或竹伐蔸和石块。垦复前铺施农家肥，有条件的地方也可再铺雷竹林地覆盖后的废弃砻糠，用量为：农家肥4吨/亩、废砻糠1吨/亩，垦复深度15厘米左右，耙细土壤，种植带稍高于作业道。

种植密度可根据经济投入情况而定。第一次栽植时初植密度4000株/亩以上。以后结合块茎采挖情况，用块茎或种苗进行稀疏处的适当补植。

多花黄精栽植：多花黄精可采用块茎、种苗两种方法进行林下栽植。

块茎栽植方法：栽植时间为块茎采挖当年的秋冬季至第二年

的3月。选择健壮、无病虫害的块茎的1~2年生先端幼嫩部分，截成数段，每段有3节或4节。块茎量少或不足时，可将幼嫩的块茎切成2块或4块，甚至更小作栽植材料。切口可稍加晾干或在草木灰堆中滚翻处理，防止种植后块茎腐烂而影响其成活率。

块茎栽植要浅，根据种植密度和块茎大小在种植带中挖小穴，放入块茎，盖上土，块茎至表土2厘米左右，稍压实。坡度25º以上的陡坡地为防止表土流失后块茎裸露而影响多花黄精成活率和良好生长，栽植时可适当深些。块茎栽植后人工浇透水或自然降水湿透土壤，再铺设3~5厘米厚的稻草或杂草，以起土壤保湿和保温作用，提高出苗率和生长质量。

种苗栽植方法：选择健壮、无病虫害的至少带1~2年生块茎的种苗，于4—5月进行林下栽植。多花黄精地上部分的茎组织幼嫩，易折断，挖取、运输和栽植时要注意保护。种苗随挖随栽，栽植时根据种苗所带的块茎大小挖种植穴，放入种苗后盖土压实。

（5）施肥。

实施全年一次性施肥方法。在4—5月，自然降水湿透林地土壤后，在多花黄精种植带中均匀撒施（$N+P_2O_5+K_2O$）含量≥45%的复合肥，施肥量40~60千克/亩。

（6）灌溉。

多花黄精良好生长需要水分充足的土壤环境，特别是营养生长和生殖生长并进期（5—9月），遇10天以上干旱天气应及时灌溉，要一次性浇透水。

（7）打顶摘花。

4月，在多花黄精开花前，用剪刀剪去植株顶端，去除顶端优势，利于地下块茎生长，既能提高块茎产量，又能解决多花黄精种子自然结实率低的问题。去除部分不超过植株高度的 1/3。

5—6 月，在多花黄精花蕾形成前期，应及时人工摘除花蕾，阻断生殖器官生长的大量养分消耗，满足块茎生长的养分需求和活性成分转化与积累，也能提高多花黄精种子结实率。

打顶的植株顶端幼嫩部分和摘下的花（蕾）营养价值高，而且适口性佳，可以当蔬菜食用，花（蕾）晒干后也可当茶饮。

（8）劈山除杂。

9—10 月，多花黄精种子自然脱落后，人工或机械清理林下杂草和灌木，平铺于林地中，控制来年的林下植被盖度、高度，减少林下植被环境和资源竞争，促进多花黄精生长和种子萌发。禁用化学除草剂。

（9）块茎采收。

采挖季节：多花黄精块茎可在春、秋两季采挖，秋季采挖的块茎药效成分含量明显高于春季，特别是多糖，药用价值相对较高，因此，建议在秋季采挖。药用价值好的多花黄精块茎需至少 3 年生，可收获 3 年生及以上的块茎，1～2 年生块茎可作繁殖材料。

采挖方式：实行选择性采收。多花黄精栽植 3 年后，选择地上部分粗壮的植株进行采挖，保留相对弱小的植株。年采挖量为林地中多花黄精植株数量的 1/3～1/2。在块茎采挖过程中，可将小块茎或从大块茎中剥离的幼龄部分重新栽植于林地中多花黄精植株稀疏处，以保持或提高林中多花黄精密度。

块茎处理：采挖后的块茎除去残存茎秆、烂疤、须根，用清水洗净后烘干或晒干，置于阴凉通风干燥处贮存。当繁殖材料的块茎一般要求随挖随栽，如不能及时栽植，可以用湿沙分层保存。

（10）病虫害防治。

多花黄精病虫害主要有叶斑病、金龟子（蛴螬）和夜蛾类

（地老虎）等，应遵循预防为主、综合治理的防治方针，以营林防治为基础，优先采用生物防治和物理防治措施，必要时采用低毒低残留化学药剂防治。

叶斑病：①采收季节将枯枝病残体集中烧毁，消灭越冬病原；②发病前和发病初期喷1∶1∶100波尔多液，或50%退菌特1000倍液，每7~10天1次，连喷3~4次，或65%代森锌可湿性粉剂500~600倍液喷洒，每7~10天1次，连喷2~3次。

金龟子：① 2.5%敌百虫粉加细土拌匀后，开沟撒施防治；②敌百虫粉混入香饵中，于傍晚在林中每隔1米投放一小堆诱杀。

夜蛾类：2.5%敌百虫粉加细土拌匀后，开沟撒施防治。

3. 发展潜力

多花黄精自然分布区域广，在浙江省各县（市、区）均可发展，而且浙江省适合多花黄精林下复合经营的林地资源丰富，发展潜力很大。多花黄精林下复合经营主要的限制条件是种植环境需无水、空气、土壤等污染，并且需选择土壤疏松、水肥条件较好的林分种植，土壤瘠薄、与优势树种化感强烈（如马尾松等）、生态敏感区等林分不宜种植。

（三）典型案例

———————— 典型案例 1 ————————

经营主体	江山市展飞家庭农场
地点及规模	江山市保安乡化龙溪村汉坑口山场，面积200亩

经营概况 农场承包毛竹林 1500 亩，鉴于竹材、竹笋价格不断下滑，毛竹林经济效益明显下降的现实问题，2018 年春季在中国林科院亚热带林业研究所和江山市林业技术推广站的技术支持下，农场开展了毛竹林下多花黄精复合经营基地建设。基地规模 600 多亩，修建了道路、喷滴灌等基础设施。基地以多花黄精优质种苗为繁殖材料，采取林下带状种植方式（种植带、作业道各 2 米左右），当年多花黄精成活率达 94.6%。通过林分结构调控、施肥、林下植被管理等措施的实施，多花黄精长势喜人。2020 年秋季，基地多花黄精块茎平均重量达 169 克/株，亩产量达 3000 千克，按 4 年一个采挖周期，年平均产值 1.5 万元/亩，年经济效益 1 万元/亩。现基地已成为衢州市林下经济发展的典型，截至 2021 年 6 月已接受省内外现场考察和培训 500 多人次。

毛竹林下多花黄精栽培

效益分析

项目	面积/亩	亩产量/千克	单价/(元/千克)	产值/元		成本/元		利润/元	
				亩产值	总产值	亩成本	总成本	亩利润	总利润
多花黄精块茎	200	2000	16	32000	6600000	29000	5800000	4000	800000
多花黄精种子	200	5	200	1000					

多花黄精种子

―――――――― 典型案例 2 ――――――――

经营主体　淳安县界首白杨家庭农场
地点及规模　淳安县界首乡云濛村,面积 450 亩

经营概况 农场位于淳安县界首乡云濛村,基地拥有450亩林下种植黄精生产基地。基地于2017年在杉木林下种植多花黄精150亩,2018年在阔叶林种植多花黄精200亩,2019年在针阔混交林林下种植多花黄精100亩,产品通过了有机产品认证。基地带动周边农户120户进行林下种植,全乡总面积已达1000余亩,2017年种植150亩多花黄精有了经济效益,生态与社会效益明显。

阔叶林下套种多花黄精

效益分析

项目	面积 /亩	亩产量 /千克	单价 /(元/千克)	产值/元		成本/元		利润/元	
				亩产值	总产值	亩成本	总成本	亩利润	总利润
多花黄精	150	1000	12	12000	1800000	5000	750000	7000	1050000

典型案例 3

经营主体	温州玉苍农林科技有限公司
地点及规模	苍南县灵溪镇苍溪村，面积150亩

经营概况 公司以林地资源为依托，充分利用林下、林间空地，不与粮食争良田，不与林木争林地，开展林下种植和林间空地遮阴种植多花黄精，与草共生，采用自然之法种植，实行留小挖大，可实现持续发展，3~5年可出产多花黄精。公司在苍南县灵溪镇苍溪村种植多花黄精150亩，3年每亩可产出多花黄精900千克，每千克30元，3年亩产值达27000元，年亩产值可达9000元。

多花黄精苗

效益分析

项目	面积/亩	亩产量/千克	单价/(元/千克)	产值/元		成本/元		利润/元	
				亩产值	总产值	亩成本	总成本	亩利润	总利润
多花黄精	150	300	30	9000	1350000	6000	900000	3000	450000

二、三叶青林下栽培技术

(一) 三叶青简介

三叶青（*Tetrastigma hemsleyanum* Diels et Gilg）是葡萄科（Vitacvae）崖爬藤属（*Tetrastigma*）植物，为民间常用中草药，又称金线吊葫芦、三叶扁藤等，在我国广泛分布于浙江、江苏、江西、福建、台湾、广东、广西、湖北、湖南、四川、贵州、云南、西藏等地。四年采收较佳，主要药效部位为块根，具有抗肿瘤、抗病毒、保护肝脏、抗炎镇痛等作用，在临床上已广泛用于抗肿瘤及小儿解热镇痛等，被称为"植物抗生素"。'浙江三叶青'是市场上应用较多的品种之一，并入选新"浙八味"。以三叶青为主要成分的新冠肺炎 1 号方——化湿宣肺合剂（浙药制备字 Z20200026000），针对普通型新冠肺炎，在浙江省 9 家新冠肺炎定点医院进行了临床应用，结果显示，其在发热、咳嗽等方面疗效明显。

长期以来，三叶青药材一直依赖野生资源，非再生性采挖一方面导致野生三叶青资源蕴藏量急剧下降，许多传统产区无药可采；另一方面不同产地野生三叶青有效成分变异明显高于人工栽培，影响三叶青质量。加强林下仿野生栽培技术研究，是三叶青可持续发展的迫切需求和有效途径。近五年来，三叶青林下仿野生栽培技术研究逐渐深入，从种源收集评价、栽培基质、栽培模式等多个方面进行了条件优化，三叶青亩产鲜块茎超 100 千克。由于三叶青未入选中国药典，也未入选《可用于保健食品的物品名单》，相关产品开发、全产业链发展受到了一定的制约。三叶青入药在民间已广泛应用，俗称"药王"，尤以浙产三叶青疗效最佳。

（二）技术介绍

1. 技术简介

'浙江三叶青'是市场上应用较多的品种之一，并入选新"浙八味"。浙江是野生三叶青主产地之一，生态、地理环境均适于三叶青的栽培，尤其适合套种于杉木、油茶等林下。林下仿野生栽培三叶青技术既有利于保持三叶青优良品质和保障三叶青资源可

三叶青林下栽培技术

持续利用，对于提高林地利用率和生产力，增加林农收入，促进乡村振兴具有十分重要的意义。

林下仿野生栽培三叶青技术在全省推广成效明显，经省内相关专家的技术支撑，通过"一亩山万元钱"科技富民典型案例、浙江省林下经济典型模式等技术资料发放以及技术培训等途径，全省专业合作社等组织基本掌握三叶青的林下栽培技术。目前全省已发展林下三叶青仿野生栽培1.02万亩，以油茶、毛竹、杉木及板栗林下仿野生栽培三叶青为主，主要栽培模式为无纺布袋、控根容器及裸根栽植。主要分布在丽水、衢州、金华及杭州，占全省三叶青林下栽培总面积的83.33%，面积最大的为丽水，达0.35万亩。全省亩年产值平均为0.77万元，杭州最高可达2.34万元。

浙产三叶青由于价格高、产量低、未进入药典等原因，主要

集中在栽培和原药材加工，中成药开发还处于起步阶段，高附加值产品为病人减轻痛苦的抗癌产品几乎没有。产业亟需开发利用，提高附加值，尤其在抗癌、抗肿瘤等领域，市场空间巨大。由于目前三叶青的生产与加工只能依据地方标准，例如《浙江省中药炮制规范》（2015年版），无相关生产加工质量的国家标准，药用广泛性受到一定的限制，在日化及医美产品领域开发抑菌液、冻干粉、超微粉等注册产品，以三叶青为主要原料生产的药品有"排石利胆胶囊""结石康胶囊"等。

2. 技术要点

（1）种苗选择。

由于三叶青产地不同，三叶青形状、药效成分含量略有差别。种苗选择时宜选经审（认）定省级良种或者经丽水、温州及金华等地多点试验的优良种源。选择生长健壮、无病虫害，根系发达、长1厘米，新叶2片以上，叶片嫩绿或翠绿的种苗。

（2）栽培与管理。

产地环境：产地环境空气质量、土壤质量，灌溉水质量应符合 LY/T 1678—2014（食用林产品产地环境通用要求）的要求。

林地选择：选择海拔800米以下，坡度小于30度，常绿树（林）种毛竹、油茶、香榧、松、杉木成熟林等林地；落叶树种山核桃、葡萄、猕猴桃等林地，遮阴度0.7。土层厚度大于30厘米，土质疏松、肥沃、呈微酸性；排水良好，无大天窗；交通、水利条件良好。

林地整修：通过间伐和修剪，除去林内病虫树（枝）、过密树（枝）、高度1.5米以下细小枝和横向及下垂枝，修剪后林分遮阴度达0.7左右（阳坡稍密，阴坡稍疏），保持通风透光，阳光透视地面均匀,无大天窗。

林地坡度小于 15 度可全垦整地和修筑水平梯带,并开排水沟;15～30 度林地进行带状或块状整地,带(块)内全垦,带(块)间、山顶、山脊、陡坡及坡底 2.5 米保留原有植被。林地整地按水平带挖垄,垄宽视坡度陡缓情况和种植方式而定,以 50～80 厘米为宜,拣出树根、大石块等杂物,在垄面上铺施有机肥、草木灰堆沤腐熟基质等与垄土搅拌均匀,裸地种植需做畦,地势较平缓之地要开好排水沟。

栽培时间:春、秋两季均可种植。春季种植时间为 3 月中旬至 5 月中旬,此时日均气温上升至 10℃以上,倒春寒已基本结束,低温对幼苗不会造成伤害;秋季种植时间为 11 月下旬至 12 月中旬,此时种植利于苗木根系生长,但要做好防旱、防寒工作;苗木做到随起随栽,避免苗根遭受风吹和日晒,影响成活率。

栽培方式:主要有两种,分别为裸根直栽和容器栽培。

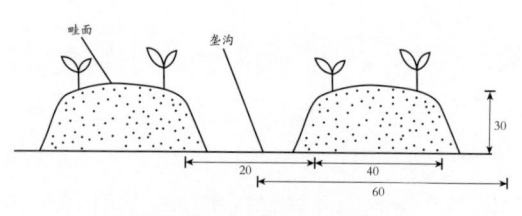

高畦栽培横剖面示意图(单位:厘米)

裸根直栽:直接栽种要翻耕土地打畦,畦高 30 厘米,宽度 40 厘米,畦距 25～30 厘米;畦面两侧开沟,深度 10 厘米左右,在畦内开沟撒入适当的钙镁磷肥和草木灰,以苗株行距 30 厘米 ×40 厘米排好种苗,覆盖少量泥土,种植,压紧苗株周围土壤,浇足定根水;3000～4000 株/亩。

容器栽培:利用控根容器或无纺布袋容器,基质配比林地腐殖质土或泥炭、红壤、蛭石、珍珠岩、砻糠为 33∶16∶26∶8∶17,

堆沤后与土搅拌均匀装袋填实，每袋之间留空隙 2～5 厘米，均匀摆放在垄地上或半埋于土中，每袋种植 1～2 株，压实种苗周围土壤，浇足定根水。

（3）栽后管理。

苗木补植：栽植后加强幼苗管护工作，定期检查，成活率达不到 85% 的要及时采用规格相同的苗木进行补植。

设施准备：在林地依托地势修建蓄水池，做好喷滴灌等灌溉设施和保水保土工作，忌积水，提高苗木的成活率，促进生长。林地遮阴度达不到的区域，覆盖透光率为 30%～45% 的遮阴网。

施肥培土：以施有机肥、草木灰等钾肥为主；每年适时、适量施追肥 2～4 次，第 1 次在 2—3 月植株抽芽前，第 2 次在 10—11 月块根膨大期，每亩施三元复合肥（氮、磷、钾配比为 15∶18∶21）15 千克；5—10 月，叶面肥稀释 500～1000 倍，喷施于作物叶片正反面；秋、冬季施堆肥或厩肥；施肥期间要做好培土工作，防止块根外露。

除草：幼龄期每年 5—11 月人工除草 3～5 次。1 年后每年人工除草 2 次以上，禁用除草剂。

控制光照和防止霜冻：夏季、秋初应酌情遮挡 70% 的太阳光，秋后至初春时节则需稍高的光照度，同时要及时做好严寒霜冻预防工作，气温降至 0℃ 以下时，可采用覆盖稻草等方式进行防冻越冬。

搭架引蔓：三叶青为攀爬藤本植物，当藤蔓长到 25 厘米以上，出现须蔓攀延时，插入 1.2～1.5 米竹枝、竹竿等将藤蔓引向搭架，防止三叶青在地上匍匐落地生根。

病虫害防治：三叶青主要病虫害有菌霉病、根腐病、叶斑病和虫害蛴螬等。

3. 发展潜力

三叶青自然分布在遮阴度 0.7 左右、海拔 300～1000 米的深山密林，喜凉爽气候，在 25℃左右生长健壮，冬季气温降至 10℃时生长停滞。忌强光暴晒，忌干旱又忌积水；喜疏松肥沃、腐殖质丰富且含有石砾的土壤，pH5～7 的酸性及中性土壤均可生长。黏性土及透水性差的土壤不建议种植，坡度大，水土流失严重的生态区位或生态状况脆弱的地区禁止发展。

（三）典型案例

── 典型案例 1 ──

经营主体	龙游县厚德家庭农场
地点及规模	龙游县沐尘畲族乡马戍口村，面积 200 亩

经营概况　农场业主张子卿种植的中药三叶青，俗名金丝吊葫芦，种源来自毗邻的丽水山区及当地野生资源。三叶青喜荫忌强光，结合竹林经营特点，采用较大容器育成幼苗及成苗，不妨碍竹林的生长与经营。根据立竹量及郁闭度，亩均摆植三叶青 2000～3000 袋（盆）。自 2016 年试种以来，完成种植面积 200 多亩。其中 120 亩列入县竹林复合经营三叶青示范基地。2019 年，3 亩三叶青投产，收入达 118000 元。

效益分析

项目	面积 /亩	亩产量 /千克	单价 /(元/千克)	产值/元		成本/元		利润/元	
				亩产值	总产值	亩成本	总成本	亩利润	总利润
三叶青块根		70	560	39200					
竹笋		270	10	2700	126600	4800	14400	37400	112200
竹材		500	0.6	300					

无纺布袋栽培三叶青

典型案例 2

经营主体	开化山哥家庭农场
地点及规模	开化县村头镇前庄村，面积32亩

林下三叶青种植

经营概况 农场种植的三叶青利用本地化的种源，采用自然的生长方式进行培育，保证了三叶青的适应性生长。种植地交通便利，昼夜温差大，主要用于抗癌的黄酮类物质、还原糖、氨基酸等有效成分含量基本达到野生三叶青的标准。

效益分析

项目	面积/亩	亩产量/千克	单价/(元/千克)	产值/元		成本/元		利润/元	
				亩产值	总产值	亩成本	总成本	亩利润	总利润
三叶青	32	12	500	6000	192000	1500	48000	4500	144000

典型案例 3

经营主体 玉环茂美农业科技开发有限公司
地点及规模 玉环市清港镇礁西村，面积 70 亩

经营概况 公司种源来源为玉环市域内的野生三叶青，本地化的种源结合原生态仿野生技术，保证了三叶青的适应性和道地性，自建大棚苗木扦插中心，为三叶青产业打下坚实基础。公司以三叶青种植、加工、销售为核心，

三叶青苗

其中包含仿野生三叶青种植区 60 亩，农田种植 10 亩，育苗大棚 4 亩。为了提高产品品质和经济效益，仿野生种植全部采用有机种植方式，2017 年开始摸索在园区内种植三叶青，2018 年初具规模，2020 年底开始部分采收，2021 年进入盛产期，下一步将进一步扩大仿野生种植面积，使产品产量进一步提升。

效益分析

项目	面积/亩	亩产量/千克	单价/(元/千克)	产值/元 亩产值	产值/元 总产值	成本/元 亩成本	成本/元 总成本	利润/元 亩利润	利润/元 总利润
干叶	70	6	1000	6000	1260000	3750	262500	14250	997500
块茎	70	12	1000	12000					

三叶青育苗基地

三、白及林下栽培技术

(一)白及简介

白及 [*Bletilla striata* (Thunb.) Reixchb. f.],为兰科白及属多年生草本植物,又名白芨、白根、白及子、羊角七、地螺丝等,以干燥块茎入药。白及味苦、甘、涩,性平偏凉,归肺、胃、肝经,具有补肺、止血、消肿、生肌、敛疮之功效,常用于治疗肺伤咳血、衄血、金疮出血、痈疽肿毒、溃疡疼痛、烫火灼伤、手足皲裂、肛裂和乳头裂等症。白及作为药用植物始载于《神农本草经》:"主痈肿、恶疮、败疽,伤阴死肌,胃中邪气",在随后的《吴普本草》《本草经集注》《本草图经》和《本草纲目》等历代医药著作中也都有记载。现代研究表明其主要化学成分为联苄类（bibenzyls）、菲类（phenanthrenes）及其衍生物，此外还含有挥发油、黏液质等。白及除了用于中成药原料及饮片外，还在医用材料、美容、酒水饮料等方面有广泛的应用。

白及株高18～60厘米。假鳞茎扁球形，肥厚，肉质，黄白色，上面具荸荠似的环带，富黏性，常数个相连，须根较多。叶片狭长圆形或披针形，基部收狭成鞘并抱茎。花序具花，花苞片长圆状披针形，开花时常凋落；花大，紫红色或粉红色；花期4—5月；果期9—10月，秋末冬初茎叶黄枯时采收。白及喜温暖、阴凉和较阴湿的环境，多生于海拔1000～3200米的针叶林、阔叶林下及路边或岩石缝中，忌阳光直射。稍耐寒，一般在10～30℃的温度条件下可正常生长，太热灼叶脱落，太冷假鳞茎冻伤或冻死。生长发育期需水量很大，在相对湿度75%～85%的地区，生长发育良好。白及是浅根性的药用植物，其块茎在土中15厘米以上的位置，土层厚度要求30厘米左右，适宜生长在具有一定的肥力，含钾和有机质较多的微酸性至中性土壤。白及广泛分布于河南、陕西、安徽、浙江、广西、贵州、云南等地。

据统计，全国以白及药材为原料的药品生产厂家共264家，分布在全国31个省、自治区、直辖市。其中吉林省以白及为原料的生产厂家最多，达到79家，其次是云南和陕西，分别为31家和20家。除用于临床用药外，白及还可作乳化剂、悬浮剂等。白及是传统美白方中的主要药物，被誉为"美白仙子"，列入《可用于保健食品的物品名单》和《化妆品原料目录清单》。以白及为原料的非特殊用途化妆品生产厂家共84家，分布在全国12个省市，其中广东最多，上海次之，分别为37家和11家。

近年来，白及的市场需求量不断上升，相关报道统计，2015年市场总需求量达3500吨，预计2020年市场需求量有望突破7000吨。

（二）技术介绍

1. 技术简介

白及自然分布于丘陵和高山地区的山坡草丛、疏林及山谷阴湿处或沟谷岩石缝中，喜阴凉湿润的环境，生长发育要求肥沃、疏松而排水良好的砂质壤土。因此"林药复合"种植模式将白及和林地结合种植，既不与粮田争农地，又更好利用了林下的空间，

白及林下栽培技术

具有良好的生态效益，同时又扩大了农民的经济来源。林内多散射光，林下凉爽潮湿，而且阔叶林内有大量的落叶，落叶腐烂分解后便是天然肥料，不仅增加了土壤腐殖质，还能改善土壤通透性。浙江省林地资源丰富，为发展白及林下经济创造了有利条件。林木冠层密度对白及的生长有影响。如果郁闭度过低，则环境太干燥；如果郁闭度过高，则光照条件相对较差，不利于白及的生长。可以通过清理林地内的杂草灌木，结合疏伐和整枝等措施来调节林下光照环境。林中下仿野生栽培最好选择地形相对平坦、坡度小于25度且方便水管理的坡地。此外，宜选择肥沃疏松、排水良好、富含腐殖质的砂壤土，忌碱土和黏土种植。近年来，在浙江农林大学等单位的指导下，相关经营主体针对白及林下复合经营技术进行攻关，形成了系列原创性成果。

2. 技术要点

(1) 种植基地准备。

选择土层深厚、肥沃疏松、排水良好、富含腐殖质的砂壤土。如果林下种植,则人工或机械清除林地内的老枝、病枝、弱枝、机械损伤枝以及2米以下的侧枝,使林分郁闭度达到0.4~0.7。种植基地配备相应的鸟兽防护设施、农业环境监测记录仪器、喷灌设施等。

(2) 整地。

对选取的地块进行平整,深翻30厘米,耙平,每亩施有机肥1500~2000千克,根据地块坡向山势作畦,畦面宽100~120厘米,高15~20厘米,长度根据地块而定,开好畦沟、围沟,以雨后地块无积水为宜。

(3) 移栽。

浙江地区移栽以每年3—4月和10—11月为宜。按照株行距25厘米×25厘米开深8~10厘米沟,每穴放1株种苗,用土回填,稍用力压实。移栽时应注意保护须根,移栽后要浇透1次定根水。

(4) 田间管理技术。

间苗与补苗:定植当年,应根据种苗的生长情况,适当拔除一部分过密、有病虫害的幼苗,并及时补栽空缺部分。补苗后,要浇透定根水,保证苗存活及合理的种植密度。

中耕除草:一般每年4次。第1次在3—4月齐苗后,第2次在5—6月生长旺盛期,第3次在8—9月,第4次在倒苗后,可根据需要铲除杂草。中耕时要浅锄,以免伤芽伤根。

追肥:结合中耕除草,每年施3次肥料。第1次在齐苗期,每亩施45%硫酸钾复合肥（氮、磷、钾占比分别为15%）10千克，第2次在生长旺盛期，每亩施草木灰100千克，第3次在冬季倒苗后，每亩施有机肥1000～2000千克。

灌溉排水：白及喜阴湿环境，应保持林分湿润，如遇连续干旱天气，可在早晚进行喷雾，增加空气湿度。多雨季节应及时清沟排水，避免烂根。

越冬保护：白及不耐严寒，冬季有冰雪封冻的高海拔山区，应做好冬季防寒抗冻措施，如盖草防寒，待春季出苗时揭开盖草。

林分郁闭度调控：如果开展林下种植，则可以结合林分抚育，通过间伐调整上层林分立木株数，或者通过割灌、修枝、林下促进更新等营林措施，调控林内光环境。移栽前2年，保持0.6～0.7的郁闭度，当林分郁闭度小于0.6时，需在林下搭盖遮阳网或插树枝遮阴的方法来降低透光率；移栽2年后，可将郁闭度调整为0.4～0.5。

（5）病虫害防治。

病虫害防治原则：坚持"预防为主、综合防治"的病虫害综合防治策略，加强农业、物理、生物防治，力求少用化学农药。在必须施用化学农药时，严格执行中药材规范化生产农药使用原则，严格掌握用药量和用药时期，优先使用植物源或生物源农药，选用几种不同农药品种进行交替使用，避免长期使用单一农药品种。农药使用参照NY/T 393—2020（绿色食品农药使用准则）的要求执行。

主要病害如下：

根腐病：发病初期植株地上部分不表现明显症状，随着病情的发展，维管束被破坏，失去输水功能，叶片呈萎蔫状，后期则干枯至死。病株的假鳞茎呈褐色干腐状,皮层易剥落、无味,维管束组织变黑褐色,从尾部向上蔓延,褐色逐渐变浅,严重时尾部变成表皮壳,皮壳内的木质化纤维呈乱麻状。可用50%异菌脲800~1000倍液,或50%腐霉利1000~1500倍液防治,一般每7天浇根一次,连续3~4次。

炭疽病:主要发生在叶片上,为害叶缘和叶尖。发病初期,叶片出现黑色斑点,叶片边缘呈淡褐色。发病严重时,黑色斑点周围组织变成黑色或灰绿色,大半叶片枯黑或死亡。可用50%异菌脲800~1000倍液,或15%咪鲜胺1000~1500倍液防治,一般每7天浇根一次,连续3~4次。

主要虫害如下:

地老虎:以幼虫咬食或咬断白及幼苗与嫩芽,造成缺苗断垄。春、秋季为害较重。防治方法主要有:①按照糖、醋、酒、水比例为3:4:1:2配制糖醋液,并加入少量乐斯本,装进诱杀盆,白天盖好,晚上掀起诱杀。②用50%辛硫磷乳油0.5千克加鲜草50千克拌湿,于傍晚撒在田间四周或沟边诱杀。

蛴螬:主要为害植株根部,咬断幼苗或咬食块茎,导致根茎部空洞或块茎残缺,染菌腐烂,造成缺苗断垄。春、秋季为害严重。防治方法主要有:①黑光灯诱杀成虫。灯下放置盛虫的容器,内装适量的水,水中滴入少许煤油。②幼虫可用蛴螬专用型白僵菌1.5~2千克加15~25千克细土拌匀,根部施用。

(6)采收与加工。

采收时间和方法:一般3~4年后,地上茎叶枯萎时采挖。先清除地上残茎枯叶,用平铲或小锄将块茎连土挖起,抖落泥土,运回加工。

初加工：将块茎单个摘下，选留新秆的块茎作种用，剪掉茎秆，洗净泥土，蒸至块茎内无白心时，取出晒干或者烘干。放撞笼里，撞去粗皮与须根，使之成为光滑、洁白的半透明体，筛去杂质。也可趁鲜切片，干燥即可。

3. 发展潜力

近年来，随着白及在医药、美容、观赏园艺、保健等诸多领域的广泛应用，国内外市场对白及需求量不断上升。

（1）药用价值。

现代研究表明，白及块茎主要含有白及多糖、挥发油、甾类、萜类、酯类、醚类、白及醇、菲类衍生物、蒽醌衍生物等化学成分，具有抗菌消炎、止血、抗肿瘤、促进创伤愈合、促进细胞生长、抗衰老等药理作用；对肺结核、支气管扩张、胃和十二指肠溃疡、烧烫伤等疾患均有明显疗效。现代医药产业中，白及为白及颗粒、云南白药、胃康宁胶囊、快胃片、复方烧伤喷雾剂等常用药品的主要成分。

（2）美容。

白及的美容功效是众所周知的，白及具有收敛止血、美白祛斑、消肿生肌的功效，被誉为"美白仙子"，已列入《可用于保健食品的物品名单》和《已使用化妆品原料名称目录（2021版）》。白及可以有效地消除脸上痤疮留下的疮痕，并且可以滋润、美白肌肤，让肌肤光滑如玉。白及质地黏腻，含有胶质，能够有效改善局部血液循环，从而促使上皮细胞修复，可敛疮、止血、润肤和生肌。白及能够直接参与受损组织或细胞的修复和代谢过程，从而对痘痕的修复起到良好的促进作用。白茯苓粉、白芷粉和白及粉混合制成的面膜，是很多"美容达人"的最爱。

(3) 观赏价值。

白及是观赏价值较高的一种花卉。不管是盆栽还是庭院点缀都十分好看，不仅赏心悦目，还能够净化空气。白及的盛花期在每年的4—5月，夏季也会零星开花。花开紫色，形如飞鸟。很多人都喜欢在家中种上一盆白及花。白及花朵结构精巧，紫色的花朵排列整齐，在苍翠叶片的衬托下，端庄而优雅。

(4) 保健食品。

白及常用于食疗，如白及地榆槐米汤有清热凉血止血、养阴润肠通便、生肌愈裂的功效，适合肛裂患者食用；白及冰糖燕窝补肺养阴、止咳止血，适合肺结核以及肺气肿咳血患者食用；白及羊肝汤养肝明目，同时对肾也有一定保健效果，适合慢性肝炎的患者食用；白及大米粥补肺止血、养胃生肌，适合出现肺胃出血、胃及十二指肠溃疡出血等症状的患者食用。

(5) 其他应用。

白及假鳞茎中含有丰富的白及胶，具有特殊的黏度特性，可作为助乳化剂、混悬剂、保湿剂和增稠剂等应用于日用化工、纺织印染、特种涂料和生物医药等方面。此外，白及还可用于香烟烟蒂的制作。

(三) 典型案例

―――――― 典型案例 1 ――――――

经营主体	衢江区太真乡王家山村股份经济合作社
地点及规模	衢州市衢江区太真乡王家山村，面积50亩

无纺布袋栽培白及

经营概况 2019年合作社与本村11位农户签订协议,由农户提供毛林、香榧的林下经营权,村集体投资种植中药材,农户与村集体按2∶8进行分成,基地建设由太真乡科技特派员提供技术支持,衢州市益年堂农林科技有限公司提供良种苗木并负责产品回收。

目前已建成毛竹、香榧林下采用无纺布袋仿野生栽培白及60余亩,并带动本乡16家农户发展林下中药材种植面积45亩。

效益分析

项目	面积/亩	亩产量/千克	单价/(元/千克)	产值/元		成本/元		利润/元	
				亩产值	总产值	亩成本	总成本	亩利润	总利润
白及鲜品	60	1000	60	60000	3600000	24000	1440000	36000	2160000

典型案例 2

经营主体	衢州市益年堂农林科技有限公司
地点及规模	衢州市衢江区湖南镇破石村,面积 500 亩

衢州毛竹林下白及栽培基地

经营概况 公司利用当地良好的生态环境及丰富的林下资源,引进推广毛竹林-白及复合经营技术,并带动全区 200 多农户人发展林下中药材种植面积 800 多亩。2020 年以来,公司通过邀请专家为周边群众举办了 8 期技术培训班,授训 400 多人次,发放资料 1000 多份。2017 年公司牵头制定了白及林下种植市级生产技术地方标准(LY/T 3093—2019 林下种植白及技术规程),2018 年成功举办全省"一亩山万元钱"五年行动计划推进现场会。

效益分析

项目	面积/亩	亩产量/千克	单价/(元/千克)	产值/元		成本/元		利润/元	
				亩产值	总产值	亩成本	总成本	亩利润	总利润
白及鲜品	180	267	120	32000	12240000	24000	4320000	44000	7920000
三叶青鲜品	180	100	360	36000					

四、羊肚菌林下栽培技术

(一)羊肚菌简介

羊肚菌是羊肚菌属(*Morchella*)所有种类的统称,羊肚菌属分黑色羊肚菌类、黄色羊肚菌类和半开羊肚菌类3个大类,是一种珍稀食药用菌。因其菌盖表面凹凸不平、状如羊肚而得名。羊肚菌性平、味甘,具有益肠胃、消化助食、化痰理气、补肾、壮阳、补脑、提神之功能,对脾胃虚弱、消化不良、痰多气短、头晕失眠有良好的治疗作用。20世纪80年代我国开始进行羊肚菌的相关研究,2000年四川省林业科学研究院将根外营养添加技术应用到羊肚菌的室外栽培,并取得成功,随后逐渐形成了羊肚菌大田栽培、设施化栽培、林地栽培等多种栽培模式。

羊肚菌

(二)技术介绍

1. 技术简介

羊肚菌属低温真菌,多于3—4月的雨后发生,8—9月在常流水的沟渠边缘也有发生,可在多种基质上生长,如作物废弃物,腐烂的树枝、树皮和树根等。羊肚菌的菌丝生长温度为

21～24℃，子实体形成与发育温度为5～16℃，空气相对湿度在65%～85%。一般选择在壤土、沙质混合土的土壤环境中栽培，土壤pH以6.5～7.5为宜，在栽培中要加强通风，氧气充足是羊肚菌生长发育必不可少的条件。

随着栽培技术的完善，近年来，在全国各地掀起一股羊肚菌发展热潮，栽培面积逐年扩大，羊肚菌的栽培面积已由2012年的3000亩增加到了2019年的139995亩，每亩产量在150～200千克，鲜菇的价格在120～260元/千克，发展前景良好。

2. 技术要点

（1）林地选择。

林地选择应避让饮用水源保护区、自然保护区及生态公益林；要求清洁卫生、地势平坦、排灌方便、水源充足；生态环境良好，远离污染源。林地土壤以腐殖质丰富的类型为宜，土质疏松肥沃，pH为5～8，无污染；郁闭度在0.6以上的针叶纯林、针叶阔叶混交林、阔叶纯林、毛竹林等较为适宜。光线较强的区域，需要覆盖遮阳网。

（2）整地作畦。

栽培前对选择好的林地进行清除枯枝杂草、翻耕整地处理，四周挖好排水沟并设置围栏。畦面宽度为0.8～1.2米，长度不限；每块畦面间留宽40～60厘米的走道便于采菇，干燥、排水良好的地方可作低畦，排水不良及黏质土壤应作高畦防止畦面积水。

（3）播种覆土。

采用沟播和撒播。气温稳定在20℃以下时便可播种，在畦面开沟，沟间距10厘米、沟深7～10厘米，将羊肚菌菌种掰成蚕豆大小的块状，均匀的播入沟内，用种量为2～3袋/米^2，每袋菌种净重约350克。播种后，在畦面覆盖厚度为2~3厘米的土壤。再覆盖地膜，地膜四周用土压住，以防止风吹掀开。撒播方式为不开播种沟，直接将菌种均匀地撒播在畦面上，播种量与沟播一样。播完种后覆上厚度为3~5厘米的薄土，并整平畦面。

（4）搭遮阳棚。

根据树木的实际情况搭建遮阳棚，植株矮、行间距窄的林下可利用竹竿或钢管搭建高约75厘米、宽约1.1米的小平棚；植株高、行间距宽的林下可直接利用树干作为支撑柱搭建高约2米、宽度不限的中平棚。此外，可根据不同林下的自然遮阴度选择不同遮光率的遮阳网，保持林下有"三分阳七分阴"的散射光透过即可。

（5）发菌管理。

播种完毕后第4天浇重水1次，使0~20厘米的表层土完全湿透，之后一直保持畦面土壤湿润，土壤含水量在30%~50%，直至土壤表面有白色粉状孢子形成。

（6）摆转化袋。

播种后10~24天，在畦面上摆放转化袋。数量按照1600~2000袋/亩均匀地摆放在畦面上，摆放方式为转化袋的一面均匀打上小孔，将有孔的一面紧贴土壤表面，羊肚菌菌丝能通过小孔生长进入转化袋并吸收营养，保持1—2个月时间后提走转化袋。

（7）出菇管理。

转化袋摆放后，羊肚菌菌丝会逐渐蔓延至袋内，直至转化袋长满菌丝。当地温升至10~15℃时，揭开地膜，通过调整、通风和喷水等措施进行催菇。适当调整棚内温度和空气相对湿度，每天采用微喷或人工补水，使林下和棚内空气相对湿度达到

85%～90%，同时加强通风。

（8）采收分级。

子实体形成后7～10天，当羊肚菌蜂窝状的子囊果部分已展开，菇顶部开始变色时即可采收。采收后应清理泥土，分级挑选，可鲜销或干制，干品应塑料袋密封保存。

（9）转潮管理。

第一潮菇采摘后，停止喷水，空气相对湿度以保持70%为宜，促使菌丝休养和恢复。养菌10天后，适当补水。补水后参照第一潮菇进行后续管理，一般可采收2潮菇。

3. 发展潜力

羊肚菌在发展中存在菌种老化与退化、知识体系欠缺、栽培技术混乱、生产稳定性不高等制约因素。因此，在发展羊肚菌产业时，除重视栽培技术外，更加要注重菌种制作和来源，菌种的好坏对羊肚菌能否种植成功起着决定性作用。

据报道，羊肚菌的分布是世界性的，法国、德国、美国、印度均有分布，我国分布较广。我国羊肚菌从低海拔的平原地区到3200米的高海拔地区都有所分布，其分布与纬度、海拔无明显关系，因此羊肚菌在浙江省各地均可发展。

（三）典型案例

———— 典型案例 ————

经营主体	磐安县山之舟生态农业有限公司
地点及规模	磐安县双峰乡西坑村，面积500亩

经营概况 公司采取"林—菌—虫—药—林"生态循环种养技术，示范带动农户120户，辐射种养面积21560亩。获评浙江省农业科技企业、浙江省林菌循环标准化试点优秀项目、浙江省"一亩山万元钱"典型案例、森博会金奖（林下灵芝）、中央财政林业科技推广示范项目（基地）等。业主包金亮获聘国家林草乡土专家。目前林下种植羊肚菌面积50亩，亩产量150千克，亩产值可达24000元。

效益分析

项目	面积/亩	亩产量	单价	产值/元		成本/元		利润/元	
				亩产值	总产值	亩成本	总成本	亩利润	总利润
灵芝	300	521千克	100元/千克	52100	19540800	45595	13678500	19541	5862300
昆虫	300	5256条	2元/条	10512					
虫粪	300	631千克	4元/千克	2524					

五、大球盖菇林下栽培技术

（一）大球盖菇简介

大球盖菇 (*Stropharia rugoso-annulata*)，属担子菌亚门、层菌纲、伞菌目、球盖菇科、球盖菇属，别名球盖菇、酒红大球盖菇等，因其形似松茸，市场上又称为赤松茸、褐松茸。大球盖菇子实体富含蛋白质、维生素、矿物质和多糖等营养成分，具有预防冠心病、助消化、缓解精神疲劳等功效，是欧美各国人工栽培的著名食用菌之一，也是联合国粮农组织（FAO）向发展中国家推荐栽培的十大食用菌之一。

大球盖菇以纤维素和木质素为主要营养，稻草、木屑、竹屑均可作为培养料。菌丝生长培养料最适含水量为70%～75%，子实体发生要求环境相对湿度在85%以上，以95%左右为宜；菌丝生长最适温度为22～24℃，子实体生长最适温度为12～20℃；菌丝生长可完全不要光线，但散射光对子实体的形成有促进作用；在pH4.5～9的环境中均能生长，以pH5～7的微酸性环境较适宜。覆土可促进子实体形成，以砂壤土为好。

大球盖菇

竹林下栽培大球盖菇亩均产量1500千克左右，亩均收入可超2.4万元。其作为一种营养较为全面，抗逆性强的食用菌产品，每年销量仍在不断上升。

（二）技术介绍

1. 技术简介

竹林下栽培大球盖菇等食用菌，由于利用了竹林下阴凉湿润的小气候和散射光，其管理成本比大田种植低，并且食用菌品质优良，具有野生菇的色泽和风味，食用菌多糖等活性成分含量高，还可降低重金属超标的风险。目前已在南方9省份30多个县推广应用，年种植面积超过3000亩。

毛竹林下规模种植大球盖菇的平均产量（鲜菇）1500千克/亩，产值为24000元/亩（按鲜菇批发价格16元/千克计算）；种植成本为8800元/亩，包括菌种1400元/亩，基质材料等1400元/亩，灌溉设施1500元/亩，劳动力投入4500元/亩（30工/亩，150元/工）；净收入为15200元/亩（以较小种植单元3~5亩统计）。

2. 技术要点

（1）竹林地选择。

选择交通方便、背风保湿、水源充足、排水良好、土地肥沃，坡度小于25度，林分郁闭度0.6~0.7的竹林。种植前要对林地进行清理、平整和消毒（杀白蚁）。

大球盖菇林下栽培技术

毛竹林立竹密度宜为160~170株/亩；雷竹林立竹密度宜为900~1200株/亩；麻竹、绿竹等丛生竹林密度宜为38~50丛/亩（4~6株/丛）。

（2）栽培基质制备与用量。

播种前30天基质开始建堆发酵。可采用100%新鲜竹屑，沤制3~4周，或92%~96%新鲜竹屑、4%~8%菜籽饼或麦麸，浇透水，覆盖薄膜，沤制2~3周，中间需要翻堆1次，并补足水分。平均基质用量为鲜竹屑4吨/亩。

（3）种植时间。

大球盖菇种植时间一般于秋季8月底、9月初至次年1月下旬播种，竹林内最高气温不超过30℃。如需提前出菇，可采用两步法种植：先可在8月初，选择一阴凉处或海拔700米以上的山区，采用无纺布容器（直径25厘米，高度30厘米）将基质菌丝培养好，然后于8月下旬或9月初移栽到种植点栽培。这种两步法栽培模式可使大球盖菇于9月下旬发菇，赶上国庆假期，市场销售旺，而且还有发菇整齐、产量稳定等特点。

（4）种植方法。

根据竹林立地条件，沿等高线挖种植沟，宽30厘米左右，深10～15厘米，垄间70～80厘米作人行道。一般竹林大球盖菇单位播种面积为180～220米²/亩。

栽种时，先在种植沟及周围需喷洒石灰杀菌消毒，保持环境卫生；然后将发酵好的竹屑基质一次性按宽30厘米、厚25～28厘米放入种植沟里，浇透水，隔两三天闻一下，若无氨等废气味，即可下种；1袋菌种（约500克/袋）分16份左右，1米长种植沟放1份菌种。放置方法：扒开竹屑基质中间，沟深约10厘米，把菌种块放置在沟里，盖（合）上竹屑基质；如竹屑湿度不够，再浇一次水。如用无纺布容器袋，则每亩种植沟内放置1500袋，但需先脱袋，菌丝生长方向不变；然后覆盖5厘米厚的小土块，略压实，呈龟背状，再浇透水即可。

（5）发菌期管理。

播种后正常天气下要保持表层覆盖土湿润，一般3～5天喷一次水，以表层覆盖土湿润即可，以免浇水过多影响培养料的温度。播种到出菇大约需要40～45天。

出菇期培养料含水量以60%为宜；覆盖土以含水量高于20%，空气相对湿度85%～95%为好，光照以透光率为30%为宜。一般晴天早晚各喷雾1次；雨天注意排水。

（6）采收。

大球盖菇发菇最适合地温为10～20℃；地温低于5℃停止发菇。一般从10月中下旬至翌年的5月底均可出菇，而其自然出菇最适宜的季节在10月下旬至12月上旬和翌年3—4月。菌褶尚未破裂或刚破裂，菌盖呈钟形时为采收适合期。采收时，轻捏菇脚并旋扭，松动后拔起，采大留小，切勿带动周围小菇，除去带土菇脚即可上市鲜销。

（7）保鲜与烘干。

保鲜：采用拔的方式采收，没有伤口，放置在密封袋里的鲜菇在 0~2℃温度下可保鲜 10~14 天。

烘干：烘干前，把清洗好的鲜菇切开，一分为二，然后放入烘箱，在 65~75℃高温下烘 1 个小时，再在 40~50℃低温下烘 3~4 小时即可烘干。

3. 发展潜力

我国有近 1 亿亩的竹林，其中毛竹林面积达到 7000 万亩，而且有大量的竹林和竹材加工废弃物，可用于竹林下大球盖菇的发展。

竹林下种植大球盖菇适宜在南方竹产区推广种植，并以发展秋季菇为主，可填补大球盖菇秋季市场供应淡季，提高经济效益。

（三）典型案例

———————— 典型案例 1 ————————

经营主体	安吉宗瀚林场
地点及规模	安吉灵峰寺林场的毛竹林下，12 亩

经营概况　安吉宗瀚林场崔顺法于 2020 年 9 月中旬在安吉灵峰寺林场的毛竹林下种植大球盖菇 12 亩，2020 年 10 月 29 日开始

近野生栽培型和林下复合经营型技术

毛竹林下大球盖菇栽培基地全景

投产，第一批菇于 12 月 14 日结束，共收获 5104 千克，销售收入 158224 元；第二批菇于 2021 年 3 月 17 日开始采收，于 4 月 30 日结束，共收获 12715 千克，销售收入 267015 元。两季共收获 17819 千克，销售总收入 425239 元，即亩产为 1485 千克，平均亩销售收入 35436.6 元。

大球盖菇出菇

全部投入 210638.4 元，其中菌种 16800 元，竹屑基质和麦麸材料 15840 元，灌溉设施及水泵 28200 元，种植、采收劳动力投入 69120 元（每人每天 180 元计），防野猪护栏 16530 元，销售支出成本 64148.4 元。

大球盖菇种植净收入为 214600.6 元，平均销售纯收入 17883.4 元/亩。

典型案例 2

经营主体 杭州创扬农林开发有限公司
地点及规模 富阳区长佳村的毛竹林下，6亩

经营概况 公司于2020年9月下旬在富阳区长佳村的毛竹林下种植大球盖菇6亩，2020年11月14日开始投产，第一批菇于12月16日结束，共收获2707千克，销售收入89331元；第二批菇于2021年3月14日开始采收，于4月25日结束，共收获6122千克，销售收入146928元。两季共收获8829千克，销售总收入236259元，即亩产为1471.5千克，平均亩销售收入39376.5元。

全部投入115640.8元，其中菌种8400元，竹屑基质和麦麸材料7730元，灌溉设施及水泵3680元，种植、浇水、采收劳动力投入49920元（每人每天160元计），销售支出成本45910.8元。

大球盖菇种植净收入为120618.2元，平均销售纯收入24123.6元/亩。

毛竹林下套种大球盖菇

六、竹荪林下栽培技术

（一）竹荪简介

竹荪 [*Dictyophora indusiata* (Vent. ex Pers) Fisch] 是世界著名食用菌，目前国内商业化栽培的种类有红托竹荪、棘托竹荪、长裙竹荪和短裙竹荪，其中以棘托竹荪栽培规模最大，栽培区域最广，主产区在福建、四川、江西，浙江省江山、开化有一定规模的大田栽培，丽水在1991—1993年曾有大面积栽培。棘托竹荪由于栽培技术较为简单，产量高，价格仅为其他竹荪的30%～60%，广受消费者青睐，市场规模大，发展前景好。浙江省农业科学院从2010年开始试验"竹林套种竹荪"模式，2011年开始示范推广，目前已经在浙江省丽水、湖州、宁波、金华、衢州和四川、贵州、重庆、福建等地发展，势头良好，成为林菌的重要模式。

竹荪目前在丽水的缙云、龙泉、庆元、遂昌，宁波的鄞州区、象山、舟山，杭州的淳安、富阳，台州的仙居，湖州的安吉、吴兴区，金华的义乌、浦江都有种植，预计面积可达1000多亩。

竹荪

（二）技术介绍

1. 技术简介

野生的竹荪生长在竹林内，竹林是竹荪原生环境。与农田栽培的棘托竹荪相比，竹林套种的竹荪产品具有原生态的特质，在农残、重金属以及灰尘等有害物质污染比大田竹荪有显著优势，更受消费者喜欢，尤其适合农旅融合发展的采摘游项目。

竹林套种棘托竹荪直接成本包括原料2000～3000元/亩，菌种700～1000元/亩，肥料和薄膜约200元/亩，栽培、采收、烘干人工及成本2000元/亩，合计5000～6200元/亩，可产竹荪干品40～60千克/亩，市场收购价每千克220～300元，亩产值在8800～18000元，亩效益在2600～12000元，如果通过包装销售，效益还可大幅提高。通过竹林套种竹荪后产生的菌糠，为竹林带来大量的有机质，特别是速效磷成倍增加，可以明显提高竹笋产量，同时能够疏松土壤，是竹林和竹荪双收益的林下经济模式。

2. 技术要点

（1）竹林地选择。

适宜套种竹荪的竹林须符合以下条件，一是交通方便，即须有竹林道，便于运输栽培原料；二是有较丰富的水源，便于竹荪出荪季节喷水保湿；三是适宜的郁闭度；四是坡度平缓、土层较厚、肥沃的立地。

竹荪林下栽培技术

（2）季节安排。

以棘托竹荪为例，其菌丝生长温度为5～31℃，以25～28℃

最适宜，子实体形成温度为22～31℃，最适温度为26～30℃，低于18℃或高于32℃，对子实体形成和生长都不利。根据竹荪的生物学特性，结合本地气候特点，可安排3月上旬至4月播种，一般6月下旬至7月上旬开始采收竹荪，至10月初结束，出菇时间刚好为高温高湿的梅雨季节，非常适合竹荪生长的环境条件要求，也与竹笋采挖时间错开。

（3）培养原料要求及处理。

竹荪是一种腐生性真菌，栽培的原料十分广泛，竹片、竹屑、木片、刨花、树枝、稻壳等均可以进行栽培，但要求原材料新鲜、干燥、无霉变。

原料以多种混合使用效果更好，如质地软与硬的原料混合使用栽培效果好，可以改善培养原料的透气性，有利于菌丝发育，延长产菇期，提高产量。可选用木片（刨花）和竹屑配比为50∶50或30∶70的材料作为培养原料。干料12.5～15千克/米^2，折合投料量（干重）2500～3000千克/亩，原料可以不发酵，但经发酵的培养料出荪更整齐、产量更高。

发酵方法：每100千克的干培养料需添加1千克尿素、1千克碳酸钙、1千克石膏粉。发酵的具体方法是，在栽培场地先铺一层宽80～100厘米、厚20厘米、长度不限的培养料，若培养料水分不足，用清水将培养料淋湿，在铺好的料面上撒一层碳酸钙、石膏粉和尿素，再铺上一层培养料，淋湿后撒上一层碳酸钙、石膏粉和尿素，如此交替直至培养料堆高为1.5米为止。堆料过程中，在堆料中间每隔80～100厘米，垂直插一根8～10厘米粗的木桩或毛竹筒，堆料结束后抽出，使料堆中留下通气孔。料堆顶盖"人"字形薄膜遮阳网，避免阳光直射、防止雨水渗入。堆料7～10天后，料堆内温度上升至65℃时进行翻堆，用铲车等工具将培养料充分搅拌均匀后再次上堆，培养料含水量不足应在翻堆过程补充，整个发酵过程历时30～50天，共翻堆3～4次。

（4）品种选择。

竹林套种棘托竹荪宜选高温、抗逆力性强、出菇快、产量高、大朵型的品种或菌株，丽水市林科院筛选的D_2较理想。

（5）管理技术。

整地挖畦：在选好的林地内挖畦，畦深20～25厘米，宽30～40厘米，沿水平带走向建畦，长度视投料多少和场地而定。畦与畦之间留50～60厘米宽的走道，以方便生产管理。每亩竹林挖沟的面积为160～200平方米。

铺料和播种：采用条播，即原料一次性拌好倒入畦沟，开两条播种沟，菌种掰成块状，撒入播种沟，盖上培养料。

发酵培养料一定要注意播种前要检查是否有氨味，若有氨味，则必须要等其散尽后才可以播种。

每亩菌种量折径17厘米袋菌种1包或12厘米袋菌种2包。

覆土：对于坡度较大的竹林地，须从栽培畦上坡挖土覆盖，使畦内侧形成一条沟，具有蓄水保湿的作用，覆土以块状为宜，厚5～8厘米，覆土后盖上竹叶、稻草等覆盖物，防止雨水冲刷导致板结。

发菌期管理：在菌丝生长阶段，保持培养料和覆土层湿润，若春季雨水太多，畦沟积水要及时排水。播种后60天左右，菌丝走满培养料，并经生理成熟后爬入覆土层，气温在20～25℃，再经过10～20天，就会出现大量菌蕾，此时要揭去覆盖的地膜，畦面盖芒萁、竹叶等保湿材料，注意保持湿度，适当喷水。

出荪管理：以水分管理为主，从菌蛋形成到膨大逐渐顶端凸起、破口抽柄撒裙整个过程，要保持较高的湿度，晴天要进行人工补水，每天一次，喷水量视竹林情况而定，雨天不需喷水。随着湿度的提高，菌球从顶端破裂，菌盖、菌柄依次从中挤出，当菌柄伸出后，从菌柄和菌盖之间吐出菌裙。

一潮竹荪采收结束后，应停水5~7天，浇一次重水，促进第二潮竹荪的生长。

采收与加工：竹荪菌蕾破壳开伞至成熟为2.5~7小时，选择上午6点至10点采收，不能迟于12点。采收后送入烘干机烘干，摆放时注意菌裙要展开，菌柄放直，以获得整齐美观的商品。竹荪烘烤一般用脱水机热风干燥法，温度控制在50~65℃，烤干后的子实体放置20~30分钟，再整理包装，放至避光干燥处冷藏待售。

病虫害防治：棘托竹荪抗性极强，一般无杂菌污染。害虫害很少，偶发有芫菁啃食，只要采收及时即可。

（三）典型案例

──────── 典型案例 1 ────────

经营主体	江山市展飞家庭农场
地点及规模	江山市保安乡化龙溪村，面积56亩

经营概况　农场现有毛竹林1000多亩，基地交通方便，建有

7千米林区道路，硬化4.5千米；建有900亩高效节水喷灌设施，1420立方米蓄水池；具有生产管理用房400平方米，3套烘干设备，60立方米冷库等生产辅助设备。从2012年起就开始在毛竹林下套种竹荪，至今已有200余亩，2017年在毛竹林下套种竹荪共56亩，采收竹荪干货2576千克，产值61.8万余元，亩均产值可达1.1万元。

效益分析

项目	面积/亩	亩产量/千克	单价/(元/千克)	产值/元		成本/元		利润/元	
				亩产值	总产值	亩成本	总成本	亩利润	总利润
竹荪	56	46	240	11040	618240	6000	336000	5040	282240

典型案例 2

经营主体	杭州富阳创扬生态农业开发有限公司
地点及规模	杭州市富阳区长佳村，面积30亩

经营概况 公司2013年开始，在常绿镇长佳村承包竹林2000余亩，原来一直用于竹材砍伐利用和竹笋培育，亩均效益800～1000元；2019年，基地在中国林业科学院亚热带林业研究所谢锦忠团队的指导下，通过实施竹林废弃物砍伐就地粉碎堆沤作为食用菌（大球盖菇和竹荪）的轮作制度；再选择地势平坦、阴凉潮湿、土壤疏松、腐殖质含量高的竹林，1亩竹林可利用200～250平方米林地，秋季9月底开始播种大球盖菇菌种，11月开始发菇采摘，每千克最低销售价20元，采收期3潮以上，

近野生栽培型和林下复合经营型技术

毛竹林下竹荪栽培

亩均产量1000千克；次年4月中旬准备竹荪菌种播种，从播种到出荪需要2.5～3个月，6月中旬至9月初为采收期，平均亩产干竹荪50～60千克。

效益分析

项目	面积/亩	亩产量/千克	单价/(元/千克)	产值/元		成本/元		利润/元	
				亩产值	总产值	亩成本	总成本	亩利润	总利润
大球盖菇	30	1000	20	20000	1350000	19000	570000	26000	780000
干竹荪	30	50	500	25000					

后记

当前我国已开启了全面建设社会主义现代化国家、向第二个百年奋斗目标进军的新征程。"十四五"期间,"一亩山万元钱"科技富民模式的推广将进一步强化政策扶持力度,注重一二三产融合,突出科技支撑,推进高质量基地建设,助力可持续发展。《近野生栽培型和林下复合经营型技术》是"'一亩山万元钱'科技富民技术丛书"之一分册,概述了"一亩山万元钱"科技富民模式的类型、特点、举措和取得的成效,图文并茂地介绍了近野生栽培型科技富民模式和林下复合经营型科技富民模式及其技术要点与典型案例,是指导广大林农生产经营与管理的实用手册。

本书在编写过程中,得到了省内科研院校的大力支持,部分照片由各地市、县(市、区)林业主管部门工作人员和林业乡土专家提供,在此表示衷心感谢!由于"一亩山万元钱"科技富民模式涉及面广,技术性强,加之编者水平有限,书中存在不足之处在所难免,恳请广大读者批评指正,以便进一步修订、完善,进而更好地发挥林业在浙江省共同富裕和山区高质量跨越式发展中的作用。

编者

2021 年 10 月